공학적 문제 해결을 위한

프로그래밍 기초와 수치해석

조연상 · 박정우 공저

도서출판 상학당

欲爲大者 當爲人役

크고자 하거든 남을 섬기라

머리말

공학을 공부하는 사람들에게 컴퓨터의 활용은 필수적인 항목이 되었다. 특히 컴퓨터 프로그래밍을 통한 수치해석은 연구 개발 분야에 진출하려는 사람들에게는 기본 소양으로 지식을 갖추는 것이 필요하다. 그러나 처음 프로그래밍을 시작하는 사람들에게 기존에 많이 나와 있는 C/C++ 언어 관련 교재나 참고 도서들은 공부를 하는 데 매우 부담을 느끼게 한다. 특히 컴퓨터가 전공인 아닌 다른 공학을 전공으로 하는 학부 및 대학원생들에게는 꼭 필요하지만 더욱 공부하기 어려운 것이 프로그래밍이라고 할 수 있다.

필자는 다년간 C/C++ 프로그래밍을 통해 다양한 소프트웨어를 개발하고 교육을 해오면서 쌓은 노하우를 가지고 초보자들이 쉽게 프로그래밍에 접근하고, 이를 수치해석에 응용할 수 있도록 하고자 이 책을 편찬하게 되었다.

따라서 이 책에서는 수치해석을 위한 C/C++ 프로그래밍의 기초 지식과 함께 초보자도 쉽게 할 수 있도록 다양한 수학 및 공학적 문제를 다루면서 프로그래밍을 하는 방법을 설명하였다. 그리고 다양한 연습문제들을 통해 스스로 직접 공학적 문제를 해결하고 프로그래밍을 할 수 있도록 하였다.

또한, 후반부에는 프로그래밍을 이용한 수치해석을 마련하여 응용할 수 있도록 하였다. 수치해석은 수치적인 근사값을 구하고, 오차를 줄이는 방법을 배우는 과목으로 공학적인 문제를 정확하게 해결하는 것이다. 이 책에서는 수치해석의 개념과 실습을 통하여 배울 수 있도록 하였으므로 독자들은 반드시 해당 프로그램에 대한 실습을 해보기를 바란다.

공저자 씀

차 례

제 I 편

C/C++의 개요 9

제 II 편

C/C++의 기본 사항 31

PART

I

C/C++의 개요

제1장

C/C++ 언어의 소개

1.1 컴퓨터 프로그래밍 언어

컴퓨터가 어떤 작업을 수행하기 위해서는 약정된 부호와 규칙으로 구성되어진 명령어의 집단이 필요하다. 프로그램이란 컴퓨터에 의해 특정 작업을 수행하기 위한 명령어의 집단을 말하며, 이러한 프로그램을 작성하는 것을 프로그래밍이라 하고, 여기서 컴퓨터가 이해할 수 있는 부호 및 규칙으로 구성된 명령어들을 **프로그래밍 언어**라 한다.

기본적인 프로그래밍 언어는 컴퓨터의 구동원리에 따라 중앙처리장치(CPU)에 내장되어 있는 이진코드로 구성된 기계어가 있다. 그러나 이는 데이터 및 명령어가 모두 이진수의 형태로 되어 있기에 사람이 그 내용을 이해하는 것은 매우 어렵다. 이와 같이 기계가 이해하기 쉬운 형태의 언어를 **저급언어**라 하는데 이를 이용하여 직접적으로 복잡한 형태의 프로그램을 작성하는 것은 매우 힘들다. 이러한 이유로 프로그래밍 언어는 기계어를 직접 사용하지 않고 보다 사람이 이해하기 쉬운 형태로 작성하여 이를 기계어로 다시 변환하는 형태로 발전해 왔다. 이처럼 사람이 이해하기 쉬운 형태의 언어를 **고급언어**라 하며, 고급언어의 형태로 작성된 프로그램을 **소스**(source)라 한다.

여기서 저급언어만을 사용하여 프로그램을 작성하면 시스템에서 바로 수행할 수 있고 처리속도가 매우 빠르다는 장점이 있다. 하지만 시스템마다 명령체계가 다르기 때문에 호환성에서 문제가 있고, 프로그램 제작 및 관리가 매우 어렵기 때문에 최근에는 프로그램 제작의 편리성이 뛰어난 고급언어를 이용하여 프로그램을 개발하고 있다.

1.2 C/C++ 프로그래밍 언어

컴퓨터의 활용 범위가 넓어지고 수행할 작업이 복잡해짐에 따라서 점차 저급언어인 기계어보다는 사람이 이해하기 쉬운 형태인 고급언어가 발전하게 되었다. 그러나 고급언어를 사용한 프로그램은 반드시 저급언어인 기계어로 변환하는 작업이 필요하다. 이처럼 고급언어로 작성된 소스 프로그램을 저급언어인 기계어로 변환하는 과정을 **컴파일**(compile)-**링크**(link) **과정**이라 하며 이를 수행하는 프로그램을 **컴파일러**(compiler)라 한다. 즉, 고급언어는 컴파일러를 이용하여 프로그램 소스를 실행파일로 변환하며, 컴파일러에 따라 고급언어가 결정된다.

컴파일러(compiler)
소스(source) ⇒ 컴파일(compile) – 링크(link) ⇒ 실행파일

그동안 고급언어를 사용하기 위해 많은 컴파일러가 개발되었다. 그러나 대부분의 고급언어는 하드웨어를 직접 조작하는 데 한계가 있고 작업 처리 속도가 느리다는 단점이 있다. 따라서 고급언어는 대체로 특정 작업을 수행하는 것에 초점을 맞춰 발전되었다.

그러나 유닉스(UNIX) 시스템에서 사용자 편리성뿐만 아니라 처리속도의 한계를 극복하고 시스템 간의 호환성을 높이면서 범용적으로 사용할 수 있는 새로운 언어를 개발하게 되었는데 이것이 C 언어이다. C 언어는 기본적으로는 고급언어이면서 저급언어 요소까지 모두 갖추었으며. 여러 가지 표준자료형을 가지고 구조적인 프로그래밍이 가능하도록 설계되어 있다. 따라서 고급언어가 가지고 있는 대부분의 한계를 뛰어넘게 되어 운영체제부터 다양한 어플리케이션을 모두 개발할 수 있는 범용적인 언어로 자리 잡게 된다.

C 언어의 탄생 이후, 클래스(class)의 개념을 도입하여 더욱 막강한 구조적 프로그램이 가능하도록 발전된 것이 C++ 언어이다. 따라서 C/C++ 언어는 다음과 같은 특징을 가지고 있다.

① **중급언어** : 고급언어의 요소와 저급언어의 요소를 모두 가지고 있어 고급언어를 이용한 프로그래밍의 한계를 뛰어 넘을 수 있다.

② **범용언어** : 특정 분야의 작업에만 적합한 언어가 아니라 모든 분야에서 사용할 수 있는 범용성을 가지고 있다.

③ **이식성이 뛰어남** : 서로 다른 시스템에도 손쉽게 이식이 가능하다. 즉, 유닉스(UNIX)뿐만 아니라 퍼스털컴퓨터 및 제어용 마이크로컨트롤러까지 거의 대부분 시스템에서 활용한다.

④ **구조적 언어** : 전처리기, 함수, 구조체 및 클래스 기능이 있어 모듈화가 가능하고 프로그램 개발 시 협력 작업 및 수정 편집이 매우 용이하다.

⑤ **빠른 처리속도** : 저급언어 요소와 최적화를 통하여 고급언어의 단점인 처리속도 문제를 극복할 수 있다.

⑥ **포인터의 존재** : 저급언어의 요소인 포인터의 개념을 그대로 도입하여 메모리 관리의 최적화 및 데이터 관리의 효율성을 높였다. 그러나 포인터는 저급요소이다 보니 하드웨어에 대한 이해가 있어야 그 기능을 효과적으로 사용할 수 있다(C 언어를 공부하는 사람들에게 C 언어가 어렵다는 생각을 가지도록 하는 결정적인 요소이다. 따라서 이 책에서는 포인터에 대한 내용을 다루지 않고 기초적인 과정을 통해 프로그래밍에 대하여 쉽게 다가갈 수 있도록 하였다).

1.3 공학에서 C/C++ 프로그래밍의 활용

1 설계 및 연구 분야

설계 및 연구 분야에서는 이미 CAD/CAM/CAE를 위한 프로그램들이 많이 개발되어 활용하고 있다. 그러나 여전히 설계의 자동화를 위한 프로그램의 개발이 요구되고 있으며, 공학적 해석 분야에서도 수치해석 및 통계분석을 위한 프로그램의 개발이 필요하다. 특히 R&D 분야로 가고자 하는 학생들에게는 기존 프로그램의 사용법을 익히는 것도 중요하지만 각종 연구소에서 자신의 연구를 발전시키기 위해서는 컴퓨터 프로그래밍 또한 필수적인 능력이라고 할 수 있다. 이 책은 기계공학에서 필요로 하는 수치해석을 위하여 알아야 할 기초적인 C/C++ 프로그래밍 기법을 다루도록 한다.

2 기계제어, 로봇제어 및 시스템제어 분야

최근 기계 분야에서는 컴퓨터를 이용한 자동화가 활발하게 이루어지고 있다. 일반 공작기계뿐만 아니라 생활에 밀접한 자동차, 비행기 및 선박 등 다양한 기계에서 컴퓨터에 의한 자동제어를 수행하고 있다. 여기서 자동제어를 위해서는 구동 프로그램이 반드시 필요하다. 이러한 프로그램 개발 역시 C/C++ 언어를 이용할 수 있다.

- 모터와 같은 각종 액추에이터 구동 및 제어
- 거리, 진동, 압력, 온도 및 토크 측정 등 측정 분야
- 기계 상태 진단 및 운전 모니터링 분야

3 관리의 자동화

현재 기업에서는 생산 및 품질 관리의 효율성을 높이기 위하여 관리 분야에서도 컴퓨터의 활용은 필수가 되고 있다. 따라서 C/C++ 언어를 이용한 관리 프로그램들이 많이 소개되고 있다. 그러나 아직 기업의 상황에 맞는 프로그램의 개발은 계속되고 있는 실정으로 C/C++ 프로그래밍이 가능하면 이러한 자동화 분야에도 활용이 가능하다.

제2장

Visual C++ 편집기

1. Visual C++ 6.0 편집기의 구성
2. 프로그램 작성 준비 — 콘솔 프로그래밍 준비
3. 컴파일 및 실행파일 만들기

1 Visual C++ 6.0 편집기의 구성

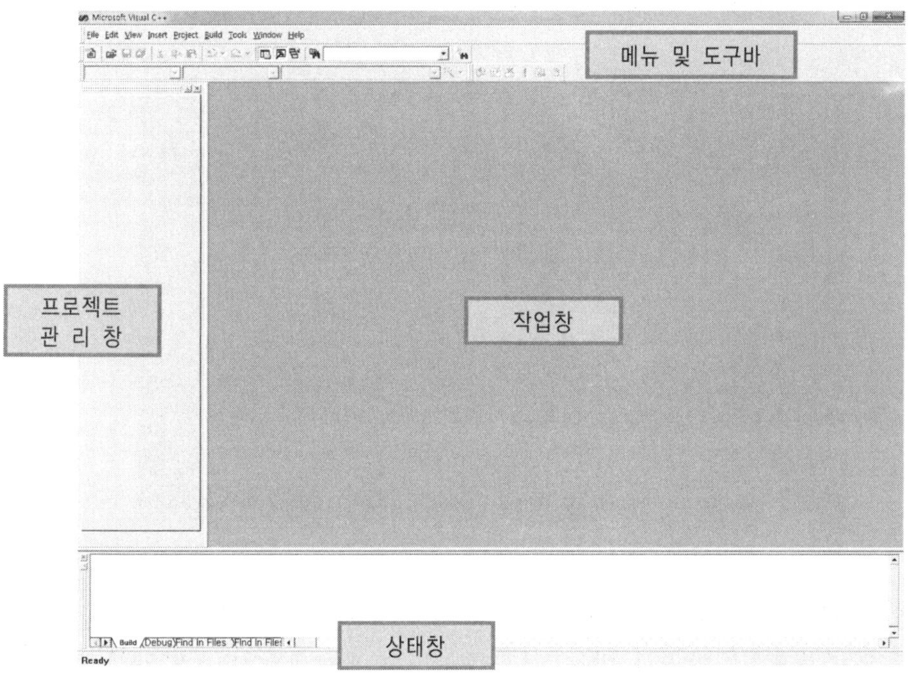

이 책에서는 C/C++ 컴파일러로 가장 대표적인 마이크로소프트사의 Visual C++ 6.0을 사용하여 설명하도록 하겠다. Visual C++ 6.0 편집기는 처음 구동 시 앞의 화면과 같이 나타난다. 기본 구성은 메뉴, 도구바, 프로젝트 관리창, 작업창 및 상태창으로 이루어져 있다. 여기서 메뉴와 도구바를 통해 새문서 시작하기, 컴파일하기, 디버깅하기 등의 일을 수행할 수 있다. 그리고 프로젝트 관리창을 통해 소스파일 관리, 클래스 관리, 리소스 관리 등등의 작업을 하고, 작업창에서 소스 작성 및 수정, 편집 등의 작업을 수행한다. 마지막으로 상태창에서는 실행파일을 만드는 동안 발생되는 오류 및 경고를 알려주고, 디버깅 시에는 변수의 상태 등등 디버깅 과정 중에 데이터의 변화를 살펴볼 수 있다.

2 프로그램 작성 준비 – 콘솔 프로그래밍 준비

새로운 프로그램을 작성하기 위해서는 새로운 프로젝트 생성을 통한 프로그램 작성 준비, 새로운 CPP 문서를 통한 프로그램 작성 준비가 있다. 이 책에서는 C/C++ 언어의 기초로서 콘솔 프로그래밍을 한다. 콘솔 프로그래밍은 윈도우의 콘솔 창을 통하여 데이터 입력 또는 결과를 출력하는 프로그램을 작성하는 것을 말한다.

■ **콘솔(console) 창**

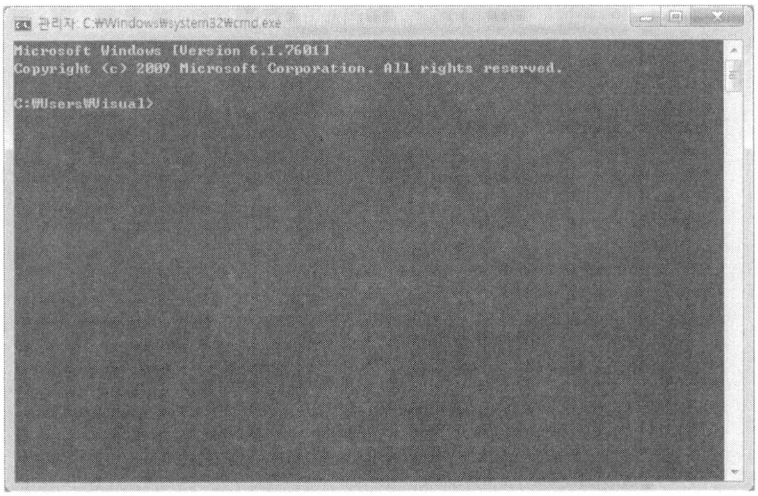

콘솔 창은 윈도우의 시작 > 실행 > cmd를 입력하였을 때 나오는 창으로 키보드로 명령 등을 입력하고 그 안에서 바로 결과를 볼 수 있는 창이다. 따라서 이 책을 통

해 익히는 C/C++은 모두 콘솔 창을 통해 입력과 출력을 하는 콘솔 프로그램이다.

여기서는 가장 간단한 방법인 새로운 CPP 문서를 통한 프로그램 작성에 대해 설명하겠다.

① Visual C++ 편집기의 메뉴에서 File > New를 선택한다.

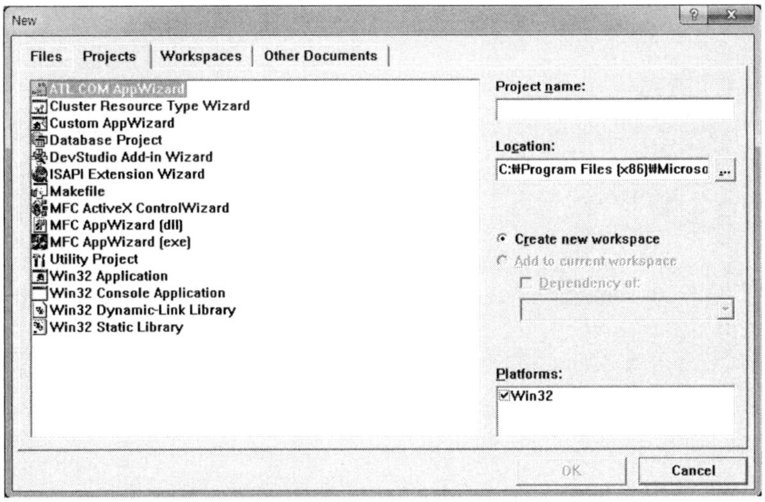

② New 대화상자가 나타나면 Files 탭을 선택한다.

③ 리스트에서 C++ Source Files 항목을 선택한다.

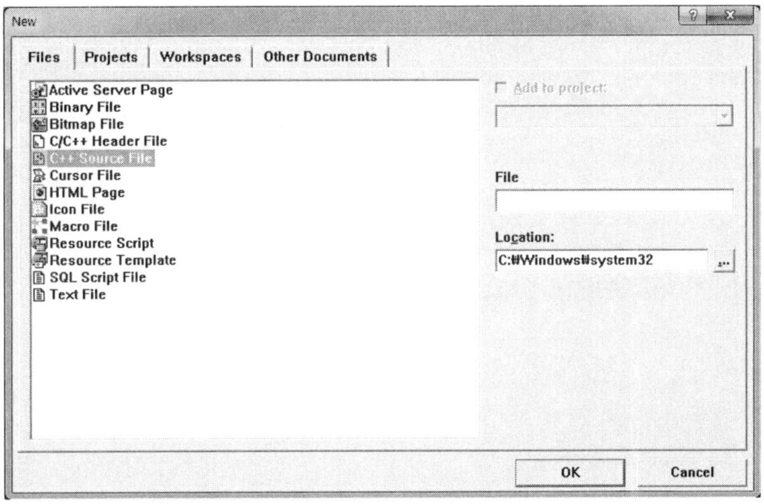

④ Location 에디터 창 옆의 '...' 버튼을 눌러 소스가 저장되고 실행파일이 만들어지는 작업 폴더를 선택한다(매우 중요). 보통 프로그래밍 소스를 저장하고 연습할 폴더를 탐색기에서 하나 생성해 두고 그 폴더를 선택해서 설정하면 된다.

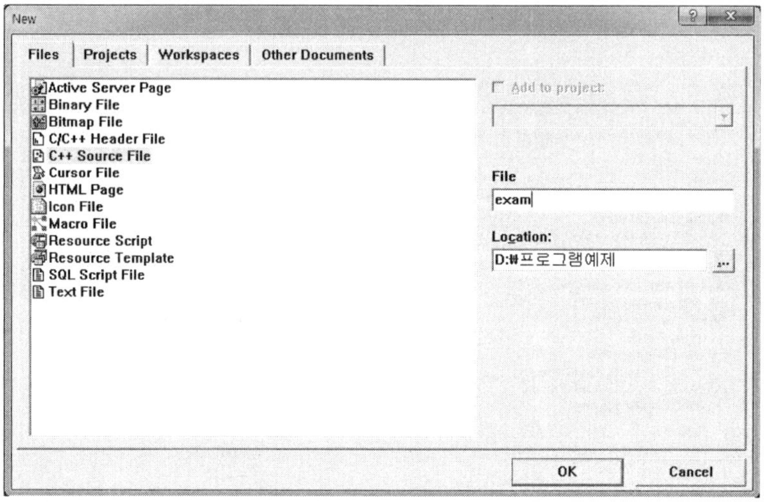

⑤ File 에디터 창에 프로그램 소스의 이름을 적는다. 이 과정이 끝나면 'OK' 버튼을 눌러 새 CPP 문서를 생성하게 된다. 이때 새 CPP 문서는 설정한 파일명.cpp로 지정된 위치에 생성된다.

여기까지 완료되면 작업창이 흰색 바탕으로 바뀌면서 소스를 작성할 수 있는 상태에 있다. 그러면 새 프로그램을 작성할 준비가 완료된 것이다. 우리가 작성할 문서는 확장자가 CPP로 C++ 소스를 작성하기 위한 것이다.

이제 프로그램을 작성할 준비가 끝났다. 3장의 예제 3.1의 내용을 한번 써 보자.

3 컴파일 및 실행파일 만들기

이와 같이 새 프로그램 작성 준비를 하여 소스 프로그램을 완성하고 나면 컴파일 과정을 통해 실행파일을 만들면 된다.

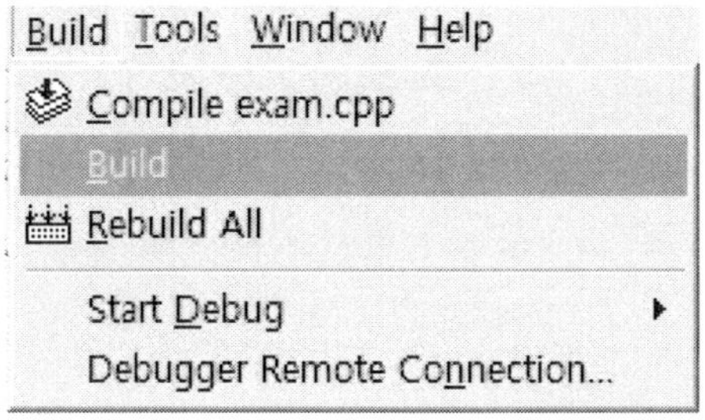

실행파일은 Build 메뉴에서 'Build' 명령을 이용하여 만들면 된다. 이때 상태창에 오류가 없으면 실행파일은 앞서 지정한 작업 폴더의 debug 폴더 안에 생성되어 있다.

그리고 Visual C++ 편집기에서는 start debug의 Go(F5)라는 과정을 통해 실행파일을 생성하고 편집기 내에서 프로그램을 실행도 시킬 수 있다.

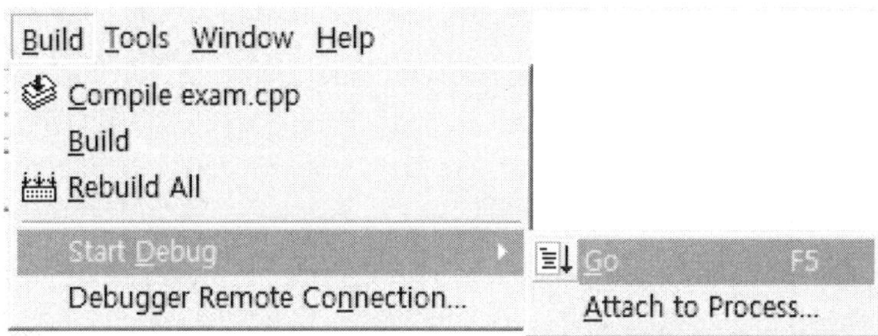

이것은 문법적인 오류 없이 실행파일은 올바르게 만들어졌지만 프로그램 수행 중에 알고리즘적인 문제나 메모리 침범 문제 등으로 원하는 결과를 얻지 못할 때, 내부적으로 발생한 오류를 찾기 위한 기능이다. 하지만 매번 탐색기로 실행파일을 찾아서 실행시키는 것이 귀찮기 때문에 프로그램 개발 과정 중에는 디버깅 기능으로 수행 결과를 많이 확인한다.

※ **참고** : 메뉴에서 매번 찾아서 실행파일 생성 및 수행 명령을 내리는 것은 귀찮다. 기능키 F5번을 기억하자. 즉, 프로그램 작성이 끝나면 실행은 F5번을 누르면 된다.

※ **주** : F5번 debug 실행은 프로그램이 종료되면 같이 종료된다. 따라서 결과를 보여주는 콘솔창이 나타났다가 종료되면서 사라지게 되어 결과를 확인할 수 없다. 이 때문에 결과 확인을 위해 프로그램 마지막에 다음과 같이 getch() 함수를 추가하거나 편집기의 도구바에 있는 '!' 또는 ctrl + F5 명령으로 실행파일을 실행시킬 수 있다.

```
#include <stdio.h>
#include <conio.h>

void main()                 // main() 함수 시작
{



    getch();                // 바로 종료하지 않고 아무키나 누를 때까지 기다림
}                           // main() 함수 끝
```

제3장

C/C++ 프로그래밍 시작하기

3.1 C/C++ 언어의 명령체계

예제 3.1

```
#include <stdio.h>
#include <conio.h>                // 전처리기


void main()                       // main() 함수 시작
{
      int x = 30;                 // 실행문 : 변수 x 생성하고 30을 저장

      printf("Hello!! \n");       // 실행문 : "Hello!!" 문자열 출력
      printf("x=%d \n",x);        // 실행문 : x값 출력

}                                 // main() 함수 끝
```

위의 예제는 화면에 "Hello!!"라는 문자열과 변수 x의 값을 출력해 주는 간단한 프로그램으로 C/C++ 언어는 크게 3가지 명령체계를 가지고 프로그램이 작성되어진다.

전처리기		#include, #define 등등
예약어	데이터형	메모리 공간 확보(변수 생성) 명령
	연산자	사칙연산, 대입연산, 증감연산, 관계연산, 상등연산, 논리연산 등등
	제어문	조건제어, 반복제어
함수	main() 함수	프로그램 시작을 나타내는 함수
	표준함수	표준 입출력 함수, 콘솔 입출력 함수, 수학함수 등등
	사용자 정의형 함수	사용자가 직접 제작한 함수

C/C++ 언어의 명령체계는 크게 전처리기, 예약어 그리고 함수로 구성되어 있다. 여기서 전처리기는 컴파일러가 소스를 컴파일할 때 수행하는 명령으로 #include, #define 등이 있다. 그리고 예약어는 C/C++의 가장 기본이 되는 명령어이다. 함수는 C/C++의 주요한 명령체계로 main() 함수, 표준함수 그리고 사용자 정의형 함수로 구분된다.

1 전처리기

전처리기(preprocessor)는 소스 프로그램을 컴파일할 때 컴파일러가 수행할 작업을 정의한 것으로 '#' 기호는 앞에 붙여 사용한다. 간단히 설명하자면 전처리기는 실행파일을 실행하였을 때 수행하는 작업이 아니고 소스 프로그램을 실행파일로 제작할 때 컴파일러가 수행하는 작업이다.

C/C++에서 전처리기는 #include, #define, #ifdef, #pragma 등이 있는데 본 내용에서는 가장 기초적인 내용만 다룰 것이라 #include와 #define에 대해서만 설명하도록 한다.

(1) #include

#include는 그 자리에 헤더파일 또는 특정 파일의 내용을 컴파일 시에 컴파일러가

불러와 삽입하도록 하는 명령이다. 기본적으로는 헤더파일이라고 불리는 파일의 내용을 삽입한다. 그리고 프로그램 작성 시 모듈화하여 제작한 여러 함수를 불러들일 때에도 매우 유용하게 사용한다.

일반적으로는 소스 프로그램 제일 앞부분에 #include 구문을 두어 프로그램 제작에 필요한 시스템상수나 표준함수의 프로토타입(prototype)이 정의되어 있는 헤더파일을 삽입하는 용도로 사용한다. 비주얼 C++에서는 이것을 이용하여 표준함수의 프로토타입을 넣어 주어야만 이후 실행문에서 표준함수를 사용할 수 있다. 즉, 기본적인 입출력을 위한 printf() 또는 scanf() 함수를 사용하기 위해서는 〈stdio.h〉라는 헤더파일을 반드시 삽입해야만 한다. 이처럼 기본적인 프로그램을 작성하기 위해 #include를 사용하여 불러와야 할 헤더파일은 다음과 같다.

```
#include <stdio.h>      // 기본 입출력 함수
#include <conio.h>      // 콘솔 입출력 함수
#include <stdlib.h>     // 기본 시스템 함수
#include <math.h>       // 수학함수
```

이외에도 문자열을 다루기 위한 〈string.h〉, 시간을 다루기 위한 〈time.h〉, 메모리 관련 작업을 위한 〈memory.h〉 및 〈malloc.h〉 등등 많은 헤더파일이 있지만 C/C++ 프로그래밍 기초 편에서는 위의 네 가지 헤더파일만 우선 사용하도록 하자.

또한 #include 〈*****.h〉와 같이 〈〉 괄호를 이용하여 헤더파일을 불러오는 방법 외에도 #include "*****.h"와 같이 "" 기호를 이용하여 헤더파일을 불러오는 방법이 있다. 〈〉 괄호를 이용하는 방법은 컴파일러를 설치할 때 등록되어 있는 폴더로부터 헤더파일을 불러오는 것이고, "" 기호를 이용하는 방법은 현재 작업 폴더 내에 있는 헤더파일을 불러오는 것이다. 따라서 표준함수들은 #include 〈*****.h〉를 사용하면 되고 사용자가 직접 제작한 함수들은 #include "*****.h"를 사용하면 된다.

```
#include <stdio.h>      // 컴파일러에 등록된 폴더에서 불러옴.

#include "user.h"       // 현재 작업 폴더에서 불러옴.
```

(2) #define

#define 전처리기는 상수 정의 및 매크로 기능을 위한 것으로 C/C++ 프로그래밍에 매우 유용한 기능 중에 하나이다. 먼저 상수 정의 기능은 간단히 설명하자면 상수값에 이름 붙이기라고 이해하면 된다. 예를 들어 3.141592라는 π값은 불변의 상수값인데 프로그램 작성 시에 3.141592라는 상수값을 직접적으로 계속 쓰는 것은 매우 불편한 일이다. 따라서 이를 #define 기능을 이용하여 PI라는 이름으로 정의하여 두면 프로그램 내에서는 PI를 3.141592 대신 사용하면 된다. 이와 같이 하면 컴파일 시에 컴파일러는 PI로 쓰인 부분을 자동으로 3.141592로 바꾸어 컴파일한다.

예제 3.2

```
#include <stdio.h>
#include <math.h>

//3.141592를 PI 라는 이름으로 정의
#define PI 3.141592

void main()
{
        float x, y;

        x = sin(30 * PI / 180.0);
        y = cos(30 * PI / 180.0);

        printf("x = %f      y = %f \n", x, y );
}
```

※ **참고** : #define PI 3.141592라고 정의하게 되면 PI 자체가 3.141592라는 상수값이다.

주로 프로그램 내에서 불변인 상수값들에 대해 특정 이름을 붙여서 사용하는데, 이처럼 상수값을 어떤 이름으로 정의해 두면 프로그램 작성이 매우 편한 경우가 많다. 다른 예로 키(key)값 정의에도 많이 사용한다.

```
#define ESC     0x1b
#define ENTER  0x0d
```

#define의 또 다른 장점 중에 하나는 매크로 기능으로 활용하는 것이다. 물론 이것은 사용자 정의형 함수로 작성하여 사용할 수도 있지만 간단한 처리는 함수보다 #define을 이용한 매크로를 이용하여 작성하는 것이 같은 처리를 보다 빠르게 하는 방법이 된다.

예제 3.3

```
#include <stdio.h>
#include <math.h>

#define RAD(x)  ((x)*3.141592/180.0)

void main()
{
        float x, y;

        x = sin(RAD(30));
        y = cos(RAD(30));

        printf("x = %f      y = %f \n", x, y );
}
```

※ **주** : 매크로 기능 시 ()괄호로 인수를 명확히 할 필요가 있다. 그렇지 않으면 의도하지 않은 결과가 나올 수 있다.

2 예약어 – 기본 명령어

예약어는 C/C++에서 가장 기본적인 명령체계로 미리 약속되어 있는 명령어를 말한다. 다른 프로그래밍 언어에서는 이를 **명령어**라 하는데 이것은 특정 작업을 수행함에 있어 프로그래밍 언어에서 일정한 형식에 의해 약속된 형태로 사용하도록 정한 것이다.

예약어가 함수와 다른 점은 수행하는 작업을 사용자가 임의로 변경하여 사용할 수가 없다는 것이다. 함수는 컴파일러에서 제공해 주는 표준함수가 마음에 들지 않으면 사용자가 원하는 형태로 작업을 수행하도록 직접 제작해서 사용하면 되지만, 예약어는 제공해 주는 것만 사용할 수 있다는 점에서 함수와 다르다.

따라서 C/C++에서는 기본 명령어인 예약어는 최소한으로 두고 있으며 많은 작업을 함수의 형태로 사용하도록 하고 있다. 다른 고급 프로그래밍 언어에서는 변수 생성부터 입출력 및 수학 함수 부분까지 거의 대부분 명령어(예약어)의 형태로 사용하기 때문에 프로그램을 사용자가 원하는 형태로 구성하거나 더욱 빠른 처리를 하고 싶어도 많은 제약이 따른다. 이 때문에 다른 고급 프로그래밍 언어는 특정 분야의 작업에 특화된 형태로 존재할 수밖에 없다. 그러나 C/C++은 가장 기본적인 몇 가지 사항만 예약어라는 명령어의 형태로 두고 거의 대부분의 작업을 함수의 형태로 두었기에 사용자가 언제든지 원하는 형태로 함수를 제작하여 사용할 수 있도록 하였다. 이와 같이 함으로써 C/C++ 언어는 거의 모든 분야에서 사용할 수 있는 프로그래밍 언어로 자리 잡았다고 할 수 있다.

C/C++에서의 예약어는 크게 데이터형, 연산자, 제어문으로 구분한다. 여기서 데이터형은 메모리 공간을 확보하는 명령으로 변수 또는 함수를 생성할 때 사용한다. 그리고 연산자는 수학연산 또는 조건연산 및 비트연산을 위한 명령으로 통상적으로 예약어와는 따로 구분을 하기도 한다. 그리고 제어문은 조건에 따른 실행문의 수행 여부를 나타내는 것으로 조건이 참일 때 한번 수행하는 조건제어와 조건이 참이면 계속 수행하도록 하는 반복제어가 있다.

예약어는 C/C++에서 프로그래밍을 위한 핵심 내용 중에 하나이기 때문에 제II편 C/C++의 기본 사항에서 프로그래밍 예제와 함께 심도 있게 다루도록 하겠다.

3 함 수

함수는 전술한 바와 같이 C/C++ 언어의 특징 중에 하나로 예약어와는 다른 형태의 명령체계이다. 즉, 특정 작업을 일정한 형태의 명령어로 두지 않고 사용자가 원하는 형태로 제작하여 사용할 수 있도록 하여 이를 함수라고 정의하고 있다. 또한 함수는 ()를 붙여 나타낸다.

C/C++ 언어에서 함수는 크게 main() 함수, 표준함수 그리고 사용자 정의형 함수로 구분한다. 여기서 main() 함수는 C/C++ 프로그램의 시작을 나타내는 매우 중요한 함수이다. 사용자는 main() 함수를 통하여 원하는 프로그램을 작성하게 되며, 컴파일하고 실행파일을 실행하면 컴퓨터는 main() 함수의 내용부터 작업을 수행하게 된다. main() 함수는 3.2절에서 좀 더 깊이 있게 보자.

표준함수는 C/C++ 개발 초기 단계에 특정 작업들을 표준화하여 미리 제작해 놓은 것으로 컴파일러에서 사용자가 특정 작업들을 쉽게 이용할 수 있도록 기본적으로 제공해 주는 함수이다. 기초 과정에서는 예약어와 더불어 표준함수인 기본 입출력 함수 및 수학함수에 대한 내용으로 4장 C/C++의 표현식에서 그 내용을 다룬다.

사용자 정의형 함수는 말 그대로 사용자가 원하는 대로 작업을 수행할 수 있도록 직접 제작한 함수이다. 컴파일러에서 제공해 주는 표준함수로는 기능이 부족하거나 표준함수에서는 제공해 주지 않는 경우 사용자가 그 기능을 할 수 있도록 직접 작성한 함수로 자세한 내용은 8장에서 다룬다.

3.2 C/C++ 프로그램의 구조

다음은 C/C++ 프로그램의 가장 간단한 구조를 나타낸 것이다.

```
#include <stdio.h>
#include <conio.h>                    // 전처리기
#include <math.h>

void main()                           // main() 함수 시작
{
        실행문 1 ;
        실행문 2 ;
        실행문 3 ;
              :
              :
}                                     // main() 함수 끝
```

(1) 전처리 구문

위에서 보는 바와 같이 프로그램의 가장 처음 부분에는 전처리기인 #include 명령으로 헤더파일을 부르도록 하고 있다. 이는 표준함수의 프로토타입을 서두에 붙여주는 작업으로 간단하게 이해하자면 프로그램 내에서 사용할 표준함수를 불러오는

것이라고 보면 된다. 따라서 main() 함수 앞에 전처리 구문인 #include를 통하여 표준 입출력〈stdio.h〉, 콘솔 입출력〈conio.h〉 그리고 수학함수〈math.h〉에 대한 헤더파일을 반드시 삽입해야 이 책에서 다루는 표준함수를 사용할 수 있다.

※ **주** : 이 내용을 적지 않으면 컴파일 시에 다음과 같은 에러와 함께 실행파일이 만들어지지 않는다.

```
error C2065: '*******' : undeclared identifier
```

(2) main() 함수

main() 함수는 프로그램의 시작을 나타내는 매우 중요한 함수로 프로그램 내에 반드시 있어야 한다. 결국 main() 함수는 그 내용이 프로그램의 내용으로 프로그램은 main() 함수에서 시작하여 main() 함수에서 끝이 난다. 여기서 중괄호 '{' 는 main() 함수의 시작으로 프로그램의 시작을 나타내며, 마지막 줄에 중괄호 '}' 는 main() 함수의 끝으로 프로그램의 종료를 의미한다.

따라서 프로그램을 작성할 때는 전처리 구문을 적고 그 다음 main() 함수와 함께 중괄호 '{' 과 '}'로 프로그램 시작과 끝 부분을 정의한다. 그런 다음 중괄호 안에 예약어, 표준함수 또는 사용자 정의형 함수를 사용하여 원하는 작업에 맞춰 실행문들을 적어 주면 된다.

※ **참고 1** : main() 앞에 void는 함수 생성 시 함수가 가질 수 있는 메모리 공간의 속성 및 확보를 정의해 주는 예약어인데 여기서는 main() 함수가 메모리 공간을 가지지 않는다는 것을 의미한다.

※ **참고 2** : main() 함수 내에 작성하는 실행문들의 끝은 반드시 세미콜론(;)으로 끝나야 한다. 실행문 끝에 세미콜론을 붙이지 않고 새로운 실행문이 나오면 다음과 같은 에러가 발생되고 컴파일을 중지한다.

```
error C2146: syntax error : missing ';' before identifier '******'
```

※ **주 : 들여쓰기**

중괄호 { } 내의 실행문을 작성할 때는 반드시 탭(Tab) 키를 이용해서 들여쓰기를 하자. 중괄호 { }는 실행문 그룹을 형성하는 역할도 하는데 들여쓰기를 해야 프로그램 분석, 수정 및 편집 등이 쉽다.

연 습 문 제

C/C++ 프로그래밍 시작하기

01 화면에 자신의 이름을 출력하라.

02 예제 3.1을 작성하고 실행 결과를 확인하라.

03 예제 3.2를 작성하고 실행 결과를 확인하라.

04 예제 3.3을 작성하고 실행 결과를 확인하라.

PART

II

C/C++의 기본 사항

제4장

C/C++ 언어의 표현식

4.1 상 수

상수는 프로그래밍 언어에서 다루는 데이터(자료)이다. 컴퓨터는 여러 가지 형태의 데이터를 처리하도록 설계되어 있는데 내부에서는 기본적으로 전부 이진수의 형태로서 다루게 된다. 즉, 사람이 다루는 수나 문자의 개념은 실제 컴퓨터 내부에서는 모두 0과 1로 조합된 이진수의 형태로 사용이 된다. 그러나 사람이 이진수의 형태로 된 수나 문자를 직접 다루는 것은 매우 불편하고 어렵기 때문에 프로그래밍 언어에서는 사람이 이해하기 쉬운 형태로 데이터를 다루도록 하였으며, 이를 **상수**라고 지칭한다. 그리고 이러한 상수는 프로그램 수행 중에는 변하지 않고 고정된 값으로 정수상수, 실수상수, 문자 및 문자열 상수가 있다.

※ **참고** : 수학에서의 상수라 함은 변하지 않고 고정된 수로 보통 정해진 정수 또는 실수값을 말하거나 당장 정해지지 않았지만 고정된 수로 사용할 것이라는 임의의 상수가 모두 포함된다. 그러나 프로그래밍 언어에서는 임의의 상수는 상수가 아니고 변수로 취급한다.

수학 : 정수상수, 실수상수, 임의의 상수
프로그래밍 : 정수상수, 실수상수, 문자상수, 문자열 상수

C/C++ 언어에서는 사용자가 다양한 형태의 상수를 다룰 수 있도록 하였으며, 이러한 상수는 컴파일할 때에 컴파일러가 컴퓨터가 이해하는 이진 형태의 데이터로 자동으로 바꾸어 실행파일을 만들어 낸다.

※ **주** : 모든 데이터는 컴퓨터 내부에서는 이진수의 형태로 취급된다.

1 정수상수

정수상수는 소수부나 지수부가 없는 수로 C/C++ 언어는 10진수, 16진수, 8진수의 형태로 사용할 수 있다.

(1) 10진 정수

- 10진 정수는 사람이 일반적으로 사용하는 정수의 형태이다.
- 0~9 사이의 숫자와 부호(+, −)로 구성한다.
- 소수부 또는 지수부가 없고 소수점이 없다.
- 정수의 가장 앞자리에는 0을 제외한 나머지 숫자로 시작한다.

  예 10, 12, 20, 123

(2) 16진 정수

- 16진 정수는 이진 형태의 데이터를 쉽게 사용하기 위한 것으로 컴퓨터 내부 데이터 상태나 하드웨어와 직접적인 관련이 있는 데이터를 입출력하고자 할 때에 사용한다. 보통 수학적 문제를 다룰 때에는 거의 사용하지 않지만 그 외 시스템 프로그래밍, 제어용 프로그래밍 또는 각종 어플리케이션 프로그래밍을 할 때에는 엄청 많이 사용하게 되며 매우 중요한 상수이다.

  그 이유는 하드웨어 내부 상태나 다른 주변기기와의 제어에 있어서 모든 데이터는 이진수의 형태로 취급되기 때문에 이진수 형태를 직접 사용하는 것이 효과적인 경우가 많다. 그러나 이진수를 직접 다루는 것은 매우 어렵고 불편하기 때문에 이진수를 대신하여 바로 대응이 되는 16진수를 사용하게 된다.

- 0~9, a(A), b(B), c(C), d(D), e(E), f(F)로 구성한다.
- 숫자 앞에 0x를 붙여 16진수임을 나타낸다.
- 이진수 4자리가 16진수 한자리에 그대로 대응한다.

  예 0x10, 0x0A, 0x82, 0xBD, 0x16A2, 0xFFFF

- 10진수, 2진수, 16진수 대응 표

10진수	2진수	16진수	10진수	2진수	16진수
0	0000	0x0	8	1000	0x8
1	0001	0x1	9	1001	0x9
2	0010	0x2	10	1010	0xA
3	0011	0x3	11	1011	0xB
4	0100	0x4	12	1100	0xC
5	0101	0x5	13	1101	0xD
6	0110	0x6	14	1110	0xE
7	0111	0x7	15	1111	0xF

(3) 8진 정수

- 8진 정수는 16진 정수와 마찬가지로 이진 데이터를 쉽게 사용하기 위한 것이다. C/C++ 언어에서는 이진 데이터를 쉽게 사용하기 위하여 8진 정수를 두기는 하였으나 사실상 이러한 경우는 거의 16진 정수를 이용하기 때문에 8진 정수는 거의 사용되지 않는다.
- 0~7로 구성되며, 숫자 가장 앞자리에 0(zero)을 붙여 나타낸다.

  예 01, 03, 010, 014, 072

2 실수상수

실수상수는 소수점을 찍어 소수부나 지수부가 있는 상수로 고정 소수점형 실수상수와 부동 소수점형 실수상수가 있다.

(1) 고정 소수점형 실수상수

- 정수부와 소수부로 구성되는 실수이다.
- 0~9 사이의 수와 소수점(.) 그리고 부호(+, −)로 구성된다.
- 컴파일 후에 컴퓨터 내에서는 부동 소수점형으로 취급된다.

예 0.12, 5.6, 10.25, 235.42

(2) 부동 소수점형 실수상수

- 가수부와 지수부로 구성되는 실수이다.
- 컴퓨터는 데이터를 이진수의 형태로 처리하기 때문에 실수 또한 이진수의 형태로 다루게 된다. 여기서 매우 큰 수나 매우 작은 수를 다루게 되면 처리할 수 있는 비트수가 정해진 컴퓨터 내부에서 고정 소수점의 형태로는 그 수를 다룰 수가 없게 된다. 따라서 매우 큰 수 또는 매우 작은 수를 다룰 수 있도록 하기 위하여 컴퓨터는 실수를 기본적으로 부동 소수점 형태로 취급하도록 설계되어 있다. 보통 사람도 매우 크거나 매우 작은 수는 단위 변환을 하거나 부동 소수점형 실수로 사용한다.
- 수학 : 2.1×10^6 ⟶ C/C++언어 : 2.1e06

  즉, 지수부인$\times 10^6$을 e 또는 E를 사용하여 e06 또는 E06이라고 쓴다.

  예 1.5e02, 5.4E05

3 문자상수

문자 데이터는 기본적으로 문자 코드값이다. 이 말은 문자도 이진수로 되어 있는 정수값이라는 것이다. 문자마다 이진수값으로 대응하여 약속한 것으로 현재는 ASCII(아스키)코드에 따라 문자를 다루고 있다. 예를 들면 문자 'A'는 0x41 (65)이고 문자 'a'는 0x61 (97)이다. 이처럼 각 문자 데이터를 코드로 직접 작성하는 것은 매우 어렵고, 나중에 무슨 데이터를 입력했는지 사용자는 알기가 쉽지 않다.

따라서 문자 데이터는 **문자상수**라 하여 단일 인용 부호 ' '를 이용하여 문자를 사용한다.

예 'S', 'A', 'd', '5'

4 문자열 상수

문자열 상수는 문자들의 모임으로 이중 인용 부호 " " 안에 문자들을 나열하여 나타낸다. 문자열의 끝에는 NULL문자(0x00)가 포함되어 문자열의 끝을 알 수 있도록 하였다.

즉, 문자상수 'A'와 문자열 상수 "A"는 완전히 다르다. 문자상수 'A'는 데이터가 'A'라는 문자 하나뿐이지만 문자열 상수 "A"는 데이터가 문자 'A'와 NULL문자 0x00으로 구성되어 있다. 따라서 문자상수는 일반적인 대입문(=)을 이용하여 변수에 데이터를 저장할 수 있지만 문자열 상수를 변수에 저장하고 다루는 것은 특별한 방법을 이용해야 한다. 문자열을 저장하고 다루는 것은 배열을 익히고 포인터에 대한 개념을 알아야 하는 내용이기 때문에 이 책에서는 기본 입출력 시에 사용하는 서식문자열 상수만 다루도록 하겠다.

예 "A", "abc", "조연상", "123"

연습문제 | C/C++ 언어의 표현식(1)

01 다음 이진수를 16진수로 고쳐라.

1100111010101011, 001101011011, 1011111100110111

02 다음 16진수를 이진수로 고쳐라.

0x34, 0xD7, 0xA93C, 0x25F3,

03 다음 고정 소수점형 실수를 부동 소수점형 실수로 나타내라.

1.54, 152.67, 0.00056, 0.0345

04 다음 부동 소수점형 실수를 고정 소수점형 실수로 나타내라.

2.5e03, 4.2E02, 8.23e-02 5.0E-01

4.2 데이터형과 변수

일반적으로 수학에서 변수는 변하는 수라는 의미를 가지고 있다. 그러나 프로그래밍에서의 변수는 데이터를 저장하기 위한 메모리 공간을 말한다. 이는 프로그램 수행 중에 데이터가 저장되면서 그 안에 내용이 변할 수 있기 때문에 변수라는 명칭으로 사용하고 있다. 따라서 개념적으로 수학에서는 변수도 일종의 어떤 값으로 대신할 수 있는 수이지만 프로그래밍에서는 데이터(상수) 저장 공간이라는 점에 유의하자.

C/C++ 언어에서는 취급하는 상수의 종류에 따라 변수도 다양하게 두고 있다. 즉, 취급하는 데이터의 형태에 따라 변수의 속성을 다르게 두고 있는 것이다. 이것은 어떻게 보면 불편하게 느낄 수도 있지만 사용자가 데이터의 형태에 따라 그에 맞는 변수의 속성을 사용함으로써 가장 효율적이고 최적의 프로그램이 가능하다는 점에서는 매우 합리적이라고 할 수 있다.

이 때문에 C/C++은 변수를 사용하기 전에 항상 먼저 수행해야 하는 일이 데이터의 형태에 따른 변수를 생성하는 것이다. 이처럼 변수를 생성하기 위한 명령어를 **데이터형**(data type)이라 하며, 이를 예약어로 두고 있다. C/C++ 언어에서는 이러한 데이터형을 기본적으로 5가지 두고 있다.

즉, **데이터형**이라 하는 예약어를 이용하여 데이터(상수)를 저장하기 위한 메모리 공간을 확보하고 그 공간에 이름을 붙여서 "변수"로 사용한다고 생각하면 되겠다.

〈표 4.1〉 기본 데이터형 : 메모리 공간 확보를 위한 기본 예약어

데이터형		크기 (Byte)	수의 범위	용도
정수형	char	1	−127~+127 (0~255)	문자 코드, 시스템
	int	4	약 −2G~+2G	정수 계산, 시스템, 카운팅(계수)
실수형	float	4	약 $\pm 10^{\pm 38}$	단정도 실수 계산, 공학용 계산
	double	8	약 $\pm 10^{\pm 308}$	배정도 실수 계산, 고정도 과학용 계산
유명무실형	void	0	-	변수 생성보다는 함수 생성 시 사용

※ **주** : int형은 시스템에 따라 2 또는 4 Byte의 크기를 가진다. 16 bit 시스템 이하에서는 2 Byte 크기를 가지고 32 bit 시스템 이상에서는 4 Byte 크기를 가진다. 현재 사용하는 PC와 비주얼 C++은 32 bit 또는 64 bit 시스템이기 때문에 int형은 4 Byte 크기를 가지지만, 16 bit 이하 제어용 컨트롤러 등에서는 2 Byte 크기를 가지기 때문에 주의해야 한다. 접두 예약어인 short 또는 long을 사용하여 명확하게 2 Byte인지 4 Byte인지 정의할 수 있다(short int 또는 long int, 여기서 int는 생략 가능). 물론 다른 데이터형에도 short 또는 long을 붙여 크기를 정의할 수 있지만 큰 의미가 없다.

※ **주** : 기본 데이터형은 음수와 양수를 구분하도록 한다. 즉, char형의 경우 8 bit 중에서 7 bit만 수를 표현하고 1 bit는 부호비트로 양수와 음수로 구분하여 −128∼+127까지 수를 다룰 수 있다. 그러나 접두 예약어인 unsigned를 이용하여 unsigned char로 사용하면 8 bit 모두 수를 표현하여 0∼255까지의 양수만을 취급할 수 있다. 물론 다른 데이터형도 unsigned를 붙여 양수만을 다루도록 할 수 있다. 하지만 이 역시 특별한 경우를 제외하고는 큰 의미가 없다.

변수는 위의 표에 나타낸 기본 5가지 데이터형을 이용하여 생성할 수 있다. 변수를 생성하는 방법은 다음과 같다.

```
데이터형    변수이름 ;
데이터형    변수이름, 변수이름, ... ;
```

예를 들면,

```
int  x ;
```

이는 “x라는 이름의 변수를 int형 속성으로 생성하라”는 것으로 4 Byte 정수 데이터를 저장할 수 있는 변수 x를 만든다는 것이다. 이와 같이 변수 x를 생성하고 나면 x에는 약 −2G에서 +2G 사이의 정수상수를 저장할 수 있다.

```
float  x, y ;
```

이는 변수 x와 y를 float형의 속성으로 생성한다는 것으로 변수 x와 y는 4 Byte 크기의 실수상수를 저장할 수 있다.

※ **참고 : 실수형 변수**

일반적으로 실수변수는 실수상수를 취급할 때에는 float형을 사용하면 된다. 그러나 매우 작거나 매우 큰 값을 취급할 경우에 double형을 사용한다. float형은 소수점 이하 9자리까지의 값을 취할 수 있으며, double형은 소수점 이하 15자리까지 취급할 수 있다. 따라서 더욱 정밀한 계산을 요구할 때에는 double형을 사용하고 일반적으로는 float형으로도 충분하다.

※ **참고 : 변수이름 사용규칙**

- 첫 글자는 반드시 영문자(단 밑줄 '_' 은 사용 가능)를 사용하고, 변수이름으로 사용할 수 있는 문자는 영문자(대문자, 소문자), 숫자, 밑줄 '_'이다.
- 변수이름 중간에 공백은 사용할 수 없다. 밑줄 '_'로 대체 사용한다.
- 대문자와 소문자는 구별되어 인식한다. 즉, 서로 다르다.
- 예약어는 변수이름으로 사용할 수 없다.
- 변수이름의 글자 수는 특별한 제한이 없다.

예제 4.1

```
#include <stdio.h>
void main()
{
	int x, y;

	x = 100;
	y = 200;

	printf("x = %d \n", x);
	printf("x = 0x%x \n", x);
	printf("y = %d \n", y);
	printf("y = 0x%x \n", y);
}
```

예제 4.2

```
#include <stdio.h>
void main()
{
        char a, b;

        a = 'A';
        b = 'B';

        printf("a = %d \n", a);
        printf("a = %c \n", a);
        printf("b = %d \n", b);
        printf("b = %c \n", b);
}
```

예제 4.3

```
#include <stdio.h>
void main()
{
        float k;
        double t;

        k = 12.5;
        t = 0.00034;

        printf("k = %f \n", k);
        printf("k = %e \n", k);
        printf("t = %lf \n", t);
}
```

연습문제

C/C++ 언어의 표현식(2)

01 다음 변수 생성 실행문의 의미는 무엇인가?

```
char a ;
int T, K ;
double A, B, C ;
unsigned char data ;
short int R ;
```

02 다음은 변수이름으로 사용할 수 있는지 없는지 판단하라.

F001 !mark m_Str 2am in_data _data don't

03 예제 4.1을 작성하고 실행 결과를 확인하라.

04 예제 4.2를 작성하고 실행 결과를 확인하라.

05 예제 4.3을 작성하고 실행 결과를 확인하라.

4.3 기본 입출력

1 데이터 입출력의 기본 개념

화면에 문자 또는 문자열, 변수 내용, 계산 결과 등을 출력하고자 하는 경우나 여러 형태의 데이터를 키보드로 입력하고자 할 경우 꼭 알아두어야 할 사항이 입출력의 기본 개념이다.

변수 안에 10진 정수 100이 저장되어 있다고 하자. 앞장에서 설명한 바와 같이 변수는 데이터를 저장하기 위한 컴퓨터 내의 메모리 공간이다. 따라서 실제 변수 안에는 십진수로 저장되어 있는 것이 아니라 이진수의 형태로 [01100100]이 저장되어 있다. 즉, 컴퓨터 내부에서는 사람이 이해하기 쉬운 형태가 아닌 컴퓨터가 이해하기 쉬운 형태로 데이터가 존재한다. 따라서 그 내용을 화면에 출력을 하기 위해서는 사람이 이해할 수 있는 형태로 데이터를 바꿔주어야 한다.

그래서 일반적인 문자열의 경우는 바로 출력을 할 수 있지만 이진수의 형태로 저장되어 있는 정수 또는 실수값은 우리가 이해할 수 있는 형태의 문자열로 바꿔서 화면에 표시하는 것이다. 즉, 화면상에서 출력되어진 십진수 100은 실제로 숫자 100을 문자열 “100”으로 우리가 보기 쉽게 나타내 준 것이다. 입력 또한 마찬가지로 십진수 100을 키보드로 입력을 한 것처럼 보이지만 실제로는 문자 ‘1’, ‘0’, ‘0’을 누른 것이고 Enter키를 눌러서 메모리(변수)로 저장할 때에 문자열 “100”이 이진수 [011000100]으로 변환되어 저장되는 것이다.

따라서 데이터를 화면에 출력할 때에는 이진수를 사람이 이해하기 쉬운 문자열 형태로 변환해서 출력하고, 입력할 때에는 마찬가지로 사람이 키보드로 입력하여 문자열의 형태로 되어 있는 값을 이진수로 변환하여 메모리에 저장하게 된다. 이처럼 정수 또는 실수의 입출력 시에는 반드시 입력 또는 출력할 수 있는 형태로 변환하는 과정이 필요하다.

키보드 입력	변환	메모리 내용	변환	화면 출력
“100”	⟶	01100100	⟶	“100”

2 printf() 함수

다양한 형태의 데이터를 화면에 출력할 수 있는 문자열로 변환해서 화면상에 출력해 주는 함수이다.

형식

```
① printf("출력문자열");
② printf("변환기호", 변수);
③ printf("변환기호   변환기호   변환기호", 상수, 변수, 수식);
```

printf() 함수는 기본적으로 ①과 같이 화면에 나타내고 싶은 "출력문자열"을 작성하면 된다. 그러나 상수값이나 변수의 내용 또는 수식 결과를 출력하고자 할 때에는 ② 또는 ③과 같이 반드시 "출력문자열"에 변환기호를 사용하여 그 내용을 사람이 이해할 수 있는 형태로 바꿔서 화면에 출력해야 한다. 이때 출력하고자 하는 문자열과 변환기호를 함께 사용하여 적절한 출력 서식을 만들어 사용할 수 있다.

그리고 출력하고자 하는 변수가 여러 개 있으면 출력문자열 내의 변환기호와 쌍을 이루는 변수의 수를 동일하게 맞춰야 한다. 즉, 출력하고자 하는 변수가 3개이면 변환기호도 3개가 필요하고, 여기서 출력문자열 뒤에 콤마로 구분하여 나열한 변수 순서대로 출력문자열 내에 있는 변환기호 위치에 차례로 변환되어 화면에 출력한다.

예
```
printf("Hello!! \n");
printf("x = %d \n", x );
printf("%d  %d  %d \n", x, y, z);
```

정수형 (char, int)	%d	10진 정수 출력
	%x	16진 정수 출력
실수형 (float)	%f (%lf)	고정 소수점형 실수 출력 (double형의 경우 %lf 사용)
	%e (%le)	부동 소수점형 실수 출력 (double형의 경우 %le 사용)
문자형	%c	정수값에 해당하는 문자로 출력
문자열형	%s	문자열 출력

변환기호는 이진수의 형태로 있는 데이터를 사람이 알아볼 수 있는 형태의 출력 문자열로 바꿔주는 것으로 데이터의 형태에 따라 구분되어진다.

변환기호는 반드시 변수 또는 상수의 데이터의 형태와 같아야 한다. 즉 변수가 정수형(int형)이면 변환기호는 %d 또는 %x를 사용해야 하며, 변수가 실수형(float형)이면 변환기호는 %f 또는 %e를 사용해야 한다.

※ **참고** : 예제 4.1, 4.2. 4.3의 프로그램의 출력 결과를 분석하라.

※ **참고** : 예제의 출력문자열 안에 '\n'은 특수문자로서 출력에 대한 특별한 제어기능을 수행한다. '\n'은 LineFeed 기능으로 커서의 위치를 다음 줄 처음으로 보내는 기능을 수행한다. printf() 함수는 줄 바꿈이나 출력 위치를 지정해 주는 기능이 없고 문자열 출력을 무조건 현재 커서 위치에서 시작하여 출력한다. 따라서 출력문자열 마지막에 '\n'을 넣지 않으면 다음 printf() 함수 출력 시에 옆으로 붙여서 계속 출력한다.

※ 알아두면 유용한 특수 문자

'\n' : LineFeed, 커서를 다음 줄 처음으로 보냄.
'\t' : Tab, 커서를 Tab 간격만큼 이동시킴.
'\a' : alarm, '삑' 소리를 냄.

예제 4.4 %d 출력 자릿수 지정

```
#include <stdio.h>
void main()
{
        int x;

        x = 2345;

        printf("%d \n", x);
        printf("%6d \n", x);          // 6자리 오른쪽 채움
        printf("%06d \n", x);         // 6자리 오른쪽 채움, 공백은 0
        printf("%3d \n", y);          // 자릿수 무시
}
```

예제 4.5 %f 출력 자릿수 및 유효소수점 자리 지정

```
#include <stdio.h>
void main()
{
        float x;

        x = 120.23456;

        printf("%f \n", x);
        printf("%10.4f \n", x);        // 전체 10자리, 유효소수점 4자리
        printf("%.2f \n", x);          // 유효소수점 2자리
}
```

3 scanf() 함수

키보드로부터 다양한 형태의 데이터를 입력받아 변수에 저장하기 위한 함수이다.

형식

```
scanf("변환기호", &변수);
```

scanf() 함수는 키보드로부터 입력된 문자열을 변환기호에 맞춰 이진 데이터로 바꾼 후 변수에 그 내용을 저장해 주는 함수이다. 여기서 변환기호는 입력하고자 하는 값이 어떠한 데이터형인지 정의해 주는 것이다.

예
```
int x;
float y;
scanf("%d". &x);          // 정수값을 입력받아 변수 x에 저장
scanf("%f", &y);          // 실수값을 입력받아 변수 y에 저장
```

위의 예에서 scanf("%d", &x);는 키보드로부터 정수값을 입력받아 x에 저장하라는 것으로 화면상에 커서가 깜빡이면서 입력을 기다리게 된다. 이때 키보드로 문자 '1',

'0', '0', Enter를 치게 되면, 변환기호 %d에 의해 입력된 "100"이라는 문자열은 십진 정수의 형태라는 것을 나타내며 이를 100이라는 실제 정수값으로 변환하여 변수 x에 저장한다.

scanf("%f", &y); 역시 키보드로부터 입력된 문자열이 고정 소수점형 실수 형태이고 이를 float형 실수값으로 변환해서 변수 y에 저장한다.

※ **주** : 변환기호는 반드시 변수의 데이터형에 맞춰 사용한다.

※ **주** : 변수 앞에 반드시 &기호를 붙인다(기초 과정에서는 왜 붙여야 하는지 묻지 마라. C언어를 포기하는 수가 있다. 그냥 형식대로 사용하라).

※ **주** : scanf() 함수도 하나의 함수에서 입력문자열 안에 여러 개의 변환기호를 사용하여 여러 개의 변수에 데이터를 저장할 수 있다. 예를 들면, scanf("%d %d %d", &x, &y, &z); 라고 쓰면 키보드로 입력되는 순서대로 변수 x, 변수 y, 변수 z에 값을 넣는다. 하지만 권장하지 않는다. 즉, 되도록 scanf() 함수 하나에 입력변수 하나만 사용하길 권장한다.

※ **참고 : 대화식 입력방법**

키보드로 값을 입력받을 때, scanf() 함수만 사용하면 프로그램 실행 중에 scanf() 함수 부분이 수행되면 화면상에 커서만 가만히 깜빡이면서 대기하고 있다. 그러면 사실상 무엇을 하라는 것인지 프로그램의 내용을 모르는 사람은 알 수가 없기에 무엇을 하라는 것인지 알려주고 scanf() 함수를 수행하는 것이 좋다. 이처럼 명확하게 무엇을 하라고 메시지를 화면에 출력해 주고 입력을 기다리도록 하는 것이 대화식 입력방법이다.

그러나 scanf() 함수는 출력기능이 없기 때문에 printf() 함수와 조합하여 대화식으로 값을 입력하도록 한다.

예제 4.6 대화식 입력의 예

```
#include <stdio.h>
void main()
{
        int x;
        printf("x = ?"); scanf("%d", &x);  //대화식 입력

        printf("입력된 값은 %d 입니다. \n", x);
}
```

예제 4.7 두 실수값을 입력받아 더한 결과 출력

```
#include <stdio.h>
void main()
{
        float x, y, z;

        printf("x = ? "); scanf("%f", &x);
        printf("y = ? "); scanf("%f", &y);

        z = x + y;

        printf("%.2f + %.2f = %.2f \n", x, y, z);
}
```

연습문제

C/C++ 언어의 표현식(3)

01 두 정수값을 키보드로 입력받아 곱한 결과를 출력하라.

02 세 개의 실수값을 키보드로 입력받아 모두 더한 결과와 모두 곱한 결과를 출력하라.

4.4 연 산 자

C/C++ 언어에서 연산자는 수식을 위한 연산자, 조건식을 위한 연산자, 비트연산을 위한 연산자 및 특수 연산자 등이 있다.

1 수식을 위한 연산자

- **수식** : 연산자와 피연산자로 이루어진 것으로 우리가 흔히 사칙연산 등을 통해 어떤 계산을 할 수 있도록 식을 구성한 것이다.

수식을 작성하기 위한 연산자는 사칙연산, 대입연산, 증감연산이 있다. 이러한 연산자는 일반적으로 공학적 문제나 수학, 과학적 문제를 계산하는 데 필요한 가장 기본적인 연산자로 프로그래밍 언어에서는 수학에서 다루는 수식 및 연산자와 약간 개념이 다른 부분이 있다. 따라서 C/C++ 언어에서의 연산자 개념을 명확히 이해하여 사용상에 주의할 필요가 있다.

(1) 사칙연산 : +, −, *, /, % (나머지 연산)

가장 많이 사용하는 연산자로 특별히 설명하지 않아도 충분히 알 수 있을 것이라고 생각한다. 다만 '*'(곱하기) 연산을 할 때에는 일반 수학과 달리 반드시 '*' 연산자를 써야 한다. 즉, 일반 수학처럼 생략이 불가하다.

그리고 '/' 나누기 연산에서 [정수/정수]의 결과는 정수[몫]이 나온다는 점에 주의해야 한다. '%' 연산은 나눈 나머지를 구하기 위한 연산자로 정수연산에 대하여만 사용할 수 있다.

※ **주** : 수식에서 '*' 연산자를 생략하면 안 된다.

※ **주** : 정수 op 정수 → 정수 결과를 얻는다. (op : operator, 연산자)
실수 결과를 얻기 위해서는 반드시 피연산자 둘 중의 하나는 실수여야 한다.
정수 op 실수 → 실수 결과
실수 op 정수 → 실수 결과
실수 op 실수 → 실수 결과

이는 '/' 연산에서 주의해야 한다.

1 / 2 → 0
1 / 2.0 → 0.5
1.0 / 2 → 0.5
1.0 / 2.0 → 0.5

[정수 / 정수]의 연산 결과는 몫[정수]을 구하는 것이기 때문에 반올림을 하지 않고 소수점 이하는 버린다. 5/2의 결과는 2이다. 따라서 수학적, 공학적 문제를 다룰 때는 특별한 경우 아니면 나누기 연산 시에 반드시 피연산자 둘 중의 하나는 실수가 되도록 주의한다.

※ **참고** : '%' 나머지 연산은 [정수 % 정수]와 같이 정수연산에서 나머지를 구하기 위한 연산자로 [정수 / 정수]에서 몫을 구하고 [정수 % 정수]에서 나머지를 구할 수 있도록 하였다. 일반적으로 '%' 나머지 연산은 배수관계를 따지는 데 유용하게 활용한다.

예제 4.8 두 정수를 입력받아 사칙연산 결과를 출력하라.

```
#include <stdio.h>
void main()
{
    int a, b;
    int r1, r2, r3, r4, r5;

    printf("a = ? "); scanf("%d", &a);
    printf("b = ? "); scanf("%d", &b);

    r1 = a + b;
    r2 = a - b;
    r3 = a * b;
    r4 = a / b;
    r5 = a % b;

    printf("%d + %d = %d \n", a, b, r1);
    printf("%d - %d = %d \n", a, b, r2);
    printf("%d * %d = %d \n", a, b, r3);
    printf("%d / %d = %d \n", a, b, r4);
    printf("%d %% %d = %d \n", a, b, r5);
}
```

연 습 문 제

C/C++ 언어의 표현식(4)

01 두 실수를 입력받아 사칙연산 결과를 출력하라.

* 프로그램 작성

(2) 대입연산 : =, op= (+=, −=, *=, /=, %=, …)

대입연산자는 변수에 값을 저장하기 위하여 사용되는 연산자이다.

```
변수 = 상수 ;        // 우항의 상수를 좌항의 변수에 저장(대입)
변수 = 변수 ;        // 우항의 변수 내용을 좌항의 변수에 복사저장
변수 = 수식 ;        // 우항의 수식 결과를 좌항의 변수에 저장
```

프로그래밍 언어에서의 대입연산은 수학에서 '='과는 의미가 매우 다르다. 수학에서는 '='이 [같다]는 의미를 가지고 있지만 프로그래밍 언어에서는 [같다]는 의미가 아니고 [대입하라] 또는 [저장하라]의 의미를 가지고 있다.

따라서 '=' 연산자는 우측 항의 상수, 변수 또는 수식의 값을 좌측 항에 있는 변수에 [저장하라] 또는 [대입하라]는 것으로 좌측 항에는 반드시 저장 공간인 변수가 와야만 한다(프로그래밍에서 [같다]는 '=='를 사용한다).

```
x + 3 = y + 2 ;  // 틀린 문법
```

수학에서는 [x + 3 = y + 2;]라는 표현이 가능하지만 프로그래밍 언어에서는 잘못된 표현이다.

```
x = x + 3 ;    // 맞는 문법,    x + 3의 결과를 x에 저장하라.
```

반면에 수학에서는 [x = x + 3;]이라는 표현은 잘못된 것이지만 프로그래밍 언어에서는 [x + 3의 결과를 x에 저장하라]는 것으로 사용할 수 있는 표현이다. 이는 다시 말해 현재 x값에 3을 더해서 다시 x에 저장하는 것으로 변수 x값을 3만큼 증가시키는 결과를 수행한다.

이처럼 대입연산자는 수학에서 사용하는 '='의 개념과는 다르다는 것을 잘 이해한다면 프로그래밍에서 사용하는 수식을 작성하는 것은 그렇게 어렵지 않다.

그리고 C/C++ 언어에서는 유용하게 사용할 수 있는 특별한 대입연산자가 있다. 이는 'op='이라는 연산자로 '=' 앞에 다른 연산자를 붙여서 대입연산을 할 수 있다.

```
op=    :    +=    -=    *=    /=    %=    등등등

변수1  =  변수1  op  (상수 or 변수 or 수식) ;

변수1 op = (상수 or 변수 or 수식) ;
```

이는 특정 변수1에 대하여 위와 같이 [변수1 = 변수1 op (상수 or 변수 or 수식);]의 형태를 축약하여 [변수1 op = (상수 or 변수 or 수식);]의 형태로 축약해서 나타낸 것으로 '+='을 예를 들면 다음과 같다.

```
① x = x + 3;

② x += 3;
```

①번 수식은 현재 x에 3을 더해서 다시 x에 저장하라는 것으로 결국 ②번 수식과 같이 x값에 3을 더해서 저장하라는 결과와 같다. 물론 ① 또는 ②의 표현식은 결과는 같고 수행 속도 면에서도 크게 차이가 나는 것은 아니기 때문에 어느 방법을 사용해도 되지만, 기존 변수 안의 값에 더 더하거나 빼거나 곱하거나 나눌 때에 ②의 방법과 같이 'op=' 용법으로 사용하면 유용한 경우가 많다(5장에 나오는 급수 문제 등을 풀 때 다시 살펴볼 것임).

(3) 증감연산 : ++, --

증감연산자는 변수 앞 또는 뒤에 붙여 변수의 내용을 하나 증가시키거나 하나 감소시키는 연산자이다. 이는 C/C++ 언어에서 제공하는 기계어적인 요소로 변수 내용을 하나 증가시키거나 감소시킬 때 가장 빠르게 처리한다.

```
변수++;      또는    ++변수;      //변수값을 하나 증가

변수--;      또는    --변수;      //변수값을 하나 감소
```

※ **참고** : 변수값을 하나 증가시키는 실행문

```
x = x + 1;
x += 1;
x++;            // 모두 같은 결과이다.
```

위의 예는 x값을 하나 증가시키는 방법으로 모두 같은 결과를 얻을 수 있다. 여기서 x++;가 가장 수행속도가 빠르며, C/C++ 프로그래밍에서는 변수값을 하나 증가시킬 때에 증감연산자를 이용하는 방법을 많이 사용한다.

※ **참고** : 증감연산은 되도록 단독 실행문으로 사용하며, 수식에 포함하여 사용하는 것을 권장하지 않는다. 그 이유는 수식에 포함해서 사용할 경우 변수 앞에 붙인 경우와 뒤에 붙인 경우 수행하는 순서에 차이가 있고 수식을 분석하는 데 자칫하면 모호해지기 때문에 단독 실행문으로 명확하게 표현한다.

① 수식 혼용 예 1	② 수식 혼용 예 2
x = 2; y = x++ + 3;	x = 2; y = ++x + 3;

x = 2;
y = x + 3;
x++;
	x = 2;
	x++;
	y = x + 3;

2 조건식을 위한 연산자

조건식은 연산 결과가 참(1) 또는 거짓(0)으로 나오는 식으로 제어문에서 조건에 대한 판단 또는 비교를 위하여 사용되는 식이다.

이러한 조건식을 위한 연산자는 관계연산, 상등연산, 논리연산이 있으며, 조건에 대한 비교 또는 판단 결과를 참(1)과 거짓(0)으로 나타낸다. 따라서 조건식은 수식과 같이 어떤 계산의 결과를 요구하는 실행문에 사용되는 것이 아니라, 제어문과 함께 사용되어 조건의 비교 또는 판단 결과에 따른 실행문의 수행 여부를 결정하는 데 매우 중요한 역할을 한다.

(1) 관계연산 : >, <, >=, <=

관계연산은 두 피연산자 사이에 크다(>), 작다(<), 크거나 같다(>=), 작거나 같다(<=)의 관계를 비교하는 연산자이다. 이는 수학에서 사용하는 관계연산과 크게 차이가 없기에 특별히 설명을 하지 않아도 알 수 있을 것이다. 다만, 크거나 같다(>=)와 작거나 같다(<=)의 경우 '='은 반드시 '>' 또는 '<' 기호 뒤에 붙어야 한다.

(2) 상등연산 : ==, !=

상등연산은 두 피연산자의 값이 같은지(==), 다른지(!=)를 비교 판단하는 연산자이다. '=='은 두 피연산자의 값이 같을 때 참(1)이고, '!='는 두 피연산자의 값이 다를 때 참(1)이 된다.

연산자		기 능(결과가 참(1)인 경우)
관계연산	a > b	a가 b보다 값이 크다.
	a < b	a가 b보다 값이 작다.
	a >= b	a가 b보다 값이 크거나 같다.
	a <= b	a가 b보다 값이 작거나 같다.
상등연산	a == b	a와 b의 값이 같다.
	a != b	a와 b의 값이 다르다.

※ **주** : C/C++ 언어로 프로그램을 작성할 때 초급자가 가장 많이 하는 실수가 '=' 대입연산과 '==' 상등연산의 착각이다. 이는 실력자도 종종 하는 실수이니 주의하도록 하자.

※ **참고** : 관계 및 상등연산의 좌우 항은 모두 상수, 변수 또는 수식을 사용할 수 있다.

(3) 논리연산 : ||, &&, !

논리연산은 논리합(||, OR), 논리곱(&&, AND), 논리부정(!, NOT)을 표현하는 연산자를 말한다. 논리연산은 어떤 조건에 대하여 논리합, 논리곱 그리고 논리부정의 결과를 나타내는 것으로 사용법은 다음과 같다.

논리연산		기 능
논리합(||)	조건1 || 조건2	조건1과 조건2 중에 하나라도 참이면 결과 참
논리곱(&&)	조건1 && 조건2	조건1과 조건2가 모두 참이면 결과 참
논리부정(!)	!(조건)	조건이 참이면 결과는 거짓, 조건이 거짓이면 결과는 참

논리합(||)은 두 조건식 중에 하나라도 참이면 전체 결과가 참이 되는 논리를 말하며, 논리곱(&&)은 두 조건식이 모두 참이면 전체 결과가 참이 되는 논리를 말한다. 논리부정(!)은 조건식 앞에 붙여 조건이 참일 때는 거짓 결과를, 조건이 거짓이면 참인 결과를 내어준다. 즉, 조건의 결과를 반대로 변경하는 기능을 한다.

이러한 논리연산은 다른 조건을 위한 연산과 함께 혼용되어 수학에서의 값의 범위 지정 등을 위한 조건식을 세우는 데 매우 유용하게 활용된다.

<table>
<tr><th>수학</th><th>C/C++언어의 조건식</th></tr>
<tr><td>3 < x < 10</td><td>x > 3 && x < 10</td></tr>
<tr><td>x < 3 or x > 10</td><td>x < 3 || x > 10</td></tr>
</table>

연습문제 | C/C++ 언어의 표현식(5)

01 다음을 C/C++ 언어에서의 조건식으로 완성하라.

1) x는 y - 2보다 작다.

2) x + 4는 y + z보다 크거나 작다.

3) x - 10 < x < x + 10

4) y는 5보다 작거나 같다. 또는, y는 10보다 크거나 같다.

5) 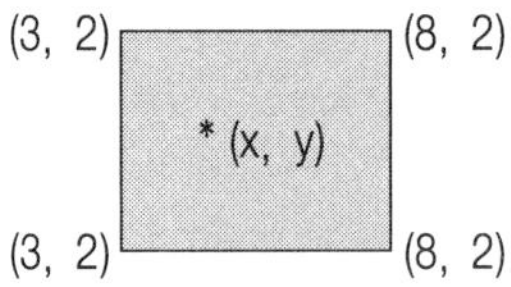

점 (x, y)가 두 모서리 (3, 2), (8, 7)를 가지는 사각형 안에 있을 조건

6) 5)번에서 점 (x, y)가 두 모서리 (3, 2), (8, 7)를 가지는 사각형 밖에 있을 조건

3 비트연산 및 특수연산

(1) 비트연산 : ~ , | , & , ^ , << , >>

비트연산은 C/C++ 언어가 가지는 기계어 요소 중에 하나이다. 특별히 하드웨어 제어용 프로그래밍을 하거나 시스템 프로그래밍 등을 할 때 종종 유용하게 사용되는 연산자로 보통 공학적 문제를 다루는 수학적 계산이나 수치해석을 위한 프로그래밍에서는 거의 사용되지 않는다. 비트연산은 기본적으로 정수형 데이터에서 사용하는 것으로 실수형에서는 사용할 수 없다.

비트연산은 간단히 설명하자면 데이터를 이진수의 형태로 다루는 이진수 연산이다.

① 비트 not 연산 : ~

각 비트값에 대하여 0이면 1, 1이면 0으로 바꾸는 연산이다.

```
~(0xA4)  ->  ~(10100100)  -> 01011011  -> 0x5B
```

위의 예와 같이 0xA4라는 데이터가 있으면 이를 비트 not(~) 연산을 하면 이진수에서 각 비트를 0은 1로, 1은 0으로 바꾸어 결과는 0x5B가 된다.

② 비트 or 연산 : |

두 비트 중 하나라도 1이면 1, 둘 다 0이면 0이 되는 연산으로 보통 특정 비트를 무조건 1로 만들고자 할 때 사용한다.

```
0xA5 | 0xF0  -> (10100101) | (11110000) -> (11110101) -> 0xF5
```

위의 예에서 0xA5와 0xF0을 비트 or(|) 연산을 하면 F(1111)인 상위 4비트는 전부 1이고, 0(0000)인 하위 4비트는 5가 그대로 남아 0xF5가 된다.

③ 비트 and 연산 : &

두 비트가 모두 1일 때 1이 되는 연산으로 두 비트 중 하나라도 0이면 0이 된다. 이는 특정 비트를 0으로 만들고자 할 때에 사용되는 것으로 일종의 특정 비트 부분의 필터 기능을 한다.

```
0xA5 & 0xF0   -> (10100101) & (11110000) -> (10100000) -> 0xA0
```

위의 예와 같이 0xA5에 0xF0으로 비트 and(&) 연산을 하면, 전부 1인 상위 4비트는 그대로 A(1010)가 되고 전부 0인 하위 4비트는 모두 0이 되어 0xA0이라는 결과를 얻게 된다.

④ 비트 xor 연산 : ^

두 비트가 서로 같으면 0, 서로 다르면 1이 되는 연산이 비트 xor 연산이다.

```
0xA5 & 0xF0   -> (10100101) & (11110000) -> (01010101) -> 0x55
```

위의 예와 같이 0xA5에 0xF0으로 비트 xor(^) 연산을 하면, 각 비트에 대하여 서로 같으면 0, 다르면 1이 되어 결과는 0x55가 된다.

⑤ 비트 쉬프트 연산 : 〈〈 , 〉〉

쉬프트 연산은 데이터의 비트를 왼쪽(〈〈) 또는 오른쪽(〉〉)으로 자리 이동을 시키는 연산자로 2를 곱해 나가거나, 2로 나누어 나갈 때 매우 빠르고 유용한 연산 기능이다.

※ **참고** : 비트연산은 이해가 잘되지 않는다면 초급 과정에서는 일단 몰라도 좋다. 이는 기계어적인 요소라 컴퓨터의 내부에서 데이터가 처리되는 과정에 대한 이해가 되어야 비트연산이 이해가 된다. 그러나 제어용 프로그램을 하고자 하는 학생은 하드웨어적인 마이크로컨트롤러에 대해 잘 이해하고 비트연산을 잘 다루어야 하기 때문에 비트연산을 잘 알아두기 바란다.

(2) 형변환 연산자(데이터형)

형변환 연산자는 캐스트 연산자라고도 하는데, 이는 변수 또는 수식 결과의 데이터형을 일시적으로 바꾸고자 할 때 사용한다.

```
(데이터형) 변수

(데이터형) (수식)
```

사용방법은 위에 나타낸 바와 같이 데이터형을 일시적으로 바꾸고 싶은 변수 또는 수식 앞에 (데이터형)을 붙이면 된다. 이때 괄호() 안에 바꾸고 싶은 데이터형을 적어 주면 된다.

```
int x, y ;
float z ;
x = 3 ;
y = 2 ;
z = x / (float) y ;
```

예를 들면 int형으로 변수 x와 y를 생성하고 float형으로 변수 z를 생성한 후, x 나누기 y의 결과를 z에 저장하고자 한다. 여기서 x와 y는 반드시 정수형이어야 하는 경우라면, 그냥 z = x / y ;로 계산을 하였을 때에는 정수 / 정수의 형태가 되어 결과는 정수(몫)만 z에 저장이 된다. 따라서 결과는 실수의 형태로 얻고자 한다면, int형인 변수 x와 y 중에 하나는 반드시 실수인 float형으로 바꿔 주어야만 결과를 실수값으로 얻을 수 있다. 이때, 형변환 연산자인 (float)을 변수 x 또는 y 앞에 붙여 나누기 계산 시에만 일시적으로 int형 변수를 float형으로 바꾸어 계산한다.

즉, 정수상수는 정수 뒤에 소수점을 붙여 실수상수로 만들면 되지만 정수형 변수는 바로 (float)형변환 연산자로 실수형 변수로 변환을 하는 것이다.

※ **주** : 위 예에서 z = (float) (x / y) ; 으로 형변환을 하면 이미 x / y 결과가 정수(몫)을 구한 것이라 결과를 float형으로 바꾸어도 의미가 없다.

4.5 수학함수

공학적 문제를 계산하거나 수치해석을 하기 위해서는 반드시 알아두어야 할 표준함수 중에 수학함수가 있다. 앞에서 이야기한 수식을 위한 연산자와 함께 공학적 문제 해결을 위한 수식을 작성하기 위하여 필요한 수학함수는 크게 삼각함수, 지수 · 로그 함수 등이 있으며, 이를 사용하여 프로그래밍을 위한 수식 작성 시 주의해야 할 사항을 정리하겠다.

1 삼각함수

수학	C/C++ 언어
sin x cos x tan x	sin(x) cos(x) tan(x)
$\sin^{-1}x$ $\cos^{-1}x$ $\tan^{-1}x$	asin(x) acos(x) atan(x)

※ **주** : C/C++ 언어에서 삼각함수는 함수이기 때문에 반드시 괄호()를 붙여야 한다.

※ **주** : C/C++ 언어에서 삼각함수의 각도 단위는 라디안(radian) 단위이다. 따라서 일반 수학에서 degree 단위로 각도를 사용한다면 프로그래밍에서는 반드시 degree 각도를 라디안 값으로 바꿔서 계산하도록 해야 한다.

예 sin 30° → sin(30*3.141592/180.0)

2 지수 · 로그 함수

수학	C/C++ 언어
x^y x^2 a^x	pow(x, y) pow(x, 2) pow(a, x)
$\sqrt{x}$ $\sqrt[3]{x}=x^{1/3}$	sqrt(x) pow(x, 1/3.0)
$\log x$ $\log_{10}x$ e^x	log(x) log10(x) exp(x)

※ **주** : C/C++ 언어에서는 x의 제곱, 세제곱 등 x^y : x의 y승을 표현할 때에 pow(x, y)라는 함수를 사용한다.

※ 주 : $\sqrt[3]{x} = x^{1/3}$이므로 pow(x, 1/3.0)으로 계산하면 된다. 여기서 1/3승을 그대로 pow(x, 1/3) 하게 되면 정수/정수의 결과로 pow(x, 0)을 한 것과 같아 결과는 무조건 1이 되니 주의해야 한다.

※ 주 : log(x) 함수는 밑을 e로 하는 자연로그이다.

3 기타 함수

절대값 $\|x\|$ ⟶ fabs(x)

※ 주 : C/C++ 프로그래밍 수식 작성 시 주의사항

① '='은 대입(저장) 기능이다. 즉, '='의 좌측 항은 변수만 올 수 있다.
② 수식에서 곱하기 '*' 연산자는 생략하면 안 된다.
③ 수학적 문제에서 정수/정수의 형태가 되지 않도록 주의한다.
④ 계산 순서에 맞춰 소괄호'( )'로 명확히 하는 것이 좋다(분수를 나누기 형태로 작성할 때 특히 주의한다).
⑤ 수식에서 그리스 기호 등은 반드시 영문자로 표기한다.
⑥ 삼각함수에서 각도 단위는 라디안(radian)임을 명심한다.
⑦ 수식 끝에 반드시 ';' 세미콜론을 붙인다.

연 습 문 제 | C/C++ 언어의 표현식(6)

01 다음 수식을 프로그래밍 수식으로 고쳐라.

1) $y = (2x + a)(3x + b)$ 2) $A = \dfrac{bh}{x + y}$ 3) $y = \dfrac{x + 2}{3z}$

4) $z = x^2 + y^2$ 5) $z = \sqrt{x + y}$ 6) $z = \sqrt{x^2 + y^2}$

7) $z = \sqrt{x} + \sqrt{y}$　　8) $k = \sqrt[3]{\dfrac{T^2}{2\pi}}$　　9) $R = \sqrt[4]{\dfrac{\alpha^3 + \beta^3}{16\pi}}$

10) $T = \sin\alpha + \cos\beta$　(여기서 α, β는 degree값)

11) $y = \cos 5x + \sin\dfrac{2x}{3}$ (여기서 각도는 degree값)

12) $z = \log x + \log y$　　13) $z = \log\dfrac{x^2}{y^2}$　　14) $y = e^{2x} + e^{3x}$

15) $y = e^{\frac{x}{2}}(x^2 + c)$　　16) $y = \dfrac{|2x + c|}{n}$

4.6 공학적 문제 해결을 위한 프로그램 작성법

일반적으로 공학적 문제를 해결하기 위한 프로그램을 작성하고자 한다면 처음 프로그래밍을 하는 사람은 먼저 무엇부터 해야 할지 잘 모르는 경우가 많다. 특히 초보자들은 아주 간단한 문제를 주고 프로그램을 작성하라고 하였을 때, 대부분 컴파일러를 화면에 띄워놓고 멍하니 있는 경우가 많다. 그러고 나서 역시 대부분 프로그래밍은 어렵다 라면서 포기를 하게 된다.

따라서 이번 내용에서는 공학적 문제를 프로그래밍으로 해결하고자 할 때에 프로그램을 작성하는 순서를 알아보도록 하자(사실상 프로그래밍이 어려운 것이 아니다. 알고 보면 수학이 안 되거나 공학적 지식이 부족해서 프로그래밍이 안 되는 경우가 더 많다. 그리고 수학적 또는 공학적 알고리즘을 프로그래밍 수식 또는 알고리즘으로 고치는 것이 어려운 경우가 많다. 그렇기 때문에 프로그래밍을 잘하기 위해서는 수학과 공학에서의 전공 지식들을 잘 공부해 놓기 바라며, 수치해석을 통해 여러 수학적 알고리즘을 프로그래밍 알고리즘으로 고치는 연습을 많이 하는 것이 좋다).

다음은 공학적 문제 해결을 위한 프로그램 작성 순서이다.

① 문제분석 — 실제 계산을 위한 필요공식 정리 또는 알고리즘 정리
② 프로그래밍 수식 작성
③ 변수 정리
④ 흐름도 작성
⑤ 프로그램 작성(코딩)
⑥ 디버깅
⑦ 완성

일반적으로 프로그램 작성은 처음부터 컴퓨터에서 하는 것 아니라 종이에다 문제분석을 하고 프로그램 수식을 뽑아서 변수 정리를 한 후에 프로그램의 흐름도에 맞춰 작성하는 것이다. 대부분 프로그래밍이 어려운 이유는 지식부족으로 인하여 문제분석이 안 되거나 이를 프로그램 수식으로 정리하는 것이 안 되어서 어려운 것이니 전공과목 공부를 열심히 하고 수식 또는 알고리즘 고치는 연습을 많이 해두기 바란다.

뒤편에서 다루는 수치해석은 결국 문제분석을 통해 좀 더 심화된 수학적 알고리즘을 이해하고 이를 프로그래밍 수식으로 고치는 방법을 공부하는 것이다.

1 문제분석

공학적 문제를 프로그래밍을 통해 풀기 위해서 가장 먼저 해야 할 작업은 바로 문제분석이다. 이는 주어진 문제를 파악하고 이해하여 이를 풀기 위한 여러 수식 또는 공식이나 수학적 알고리즘을 정리하는 단계로 프로그래밍에서 가장 중요한 단계이다. 사실상 이를 위해 수학, 물리 또는 전공 관련 여러 지식을 그동안 쌓아왔다고 해도 과언이 아니다.

따라서 문제분석 단계에서는 실제로 문제를 풀기 위한 여러 수식 또는 알고리즘을 뽑고 정리하여 문제를 풀기 위한 [필요공식]으로 두는 것이 중요하다. 이때 필요공식은 반드시 문제를 푸는 순서대로 정리해야 한다.

2 프로그래밍 수식 작성

프로그래밍 수식 작성 단계에서는 문제분석을 통해 정리한 수학적 필요공식을 프

로그래밍을 통해 풀기 위하여 프로그래밍 언어에서 사용하는 수식으로 변경하는 과정이다. 이는 여러 연산자와 수학함수를 사용하여 앞 절에서 연습한 프로그래밍 수식 작성법에 따라서 수학적 수식을 프로그래밍 수식으로 변경하면 된다. 그리고 앞으로 공부하게 되는 제어문 및 수치해석 등을 이용하여 좀 더 다양하고 심화된 형태의 수학적 문제를 프로그래밍 수식으로 변경하는 방법을 다루게 된다.

3 변수 정리

변수 정리 단계는 프로그램 수식에서 사용되는 여러 변수들을 미리 정리해 놓는 단계로 사용할 변수들의 데이터형과 입력을 위한 변수인지 출력을 위한 변수인지 그 속성을 미리 결정해 놓는 단계이다. 보통 변수의 입출력 속성에 따라 정리한다. 변수의 속성은 크게 출력변수, 입력변수, 카운트변수 등으로 분류하며, 출력변수는 보통 프로그래밍 수식에서 '='의 좌측 항에 있는 수식의 결과를 저장하기 위한 변수로 두고, 입력변수는 수식에서 '='의 우측 항에서 출력변수와 카운트변수 이외의 나머지 변수를 입력변수로 두면 된다. 카운트변수는 제어문에서 반복횟수 등을 체크하기 위한 변수로 나중에 제어문의 반복제어에서 다시 다루도록 하겠다.

4 흐름도 작성

흐름도는 순서도라고도 하는데 프로그램 내에서 실행문 또는 작업이 수행되는 전반적인 순서를 도식화하여 나타낸 것이다. 프로그램을 작성하기 전에 어떤 작업을 어떤 순서에 따라 수행할지 정하는 단계로 프로그래밍 초보자에게는 흐름도가 매우 중요하다. 일반적으로 공학적 문제를 해결하는 프로그램에서는 큰 흐름도는 거의 동일하다. 따라서 여러분은 다음 흐름도를 잘 기억해 두고 이에 맞춰 프로그램을 작성한다고 생각하면 크게 어려움이 없다.

5 프로그램 작성(코딩)

프로그램 작성 단계는 컴파일러를 이용하여 실제 프로그램을 컴파일러에서 사용하는 문법 및 명령체계를 이용하여 작성하는 단계로 코딩(coding)이라고도 한다. 이는 흐름도의 순서에 맞춰 변수를 생성하고 실행문을 작성해 나가는 과정이다.

흐름도의 예에서 보면 앞서 작성해 놓은 변수 정리 부분과 프로그래밍 수식 부분은 각각 변수 생성과 수식 계산 부분에 들어가는 것이라 사실상 데이터 입력과 결과 출력 부분만 작성해서 순서에 맞게 나열한다고 생각하면 쉽다. 따라서 앞서 설명한 1 문제분석, 2 프로그래밍 수식 작성과 3 변수 정리 단계까지 완료되어 있으면 사실상의 프로그램 작성은 다 되어진 것이라고 보면 된다.

■ **공학적 문제 해결을 위한 프로그램의 흐름도 예**

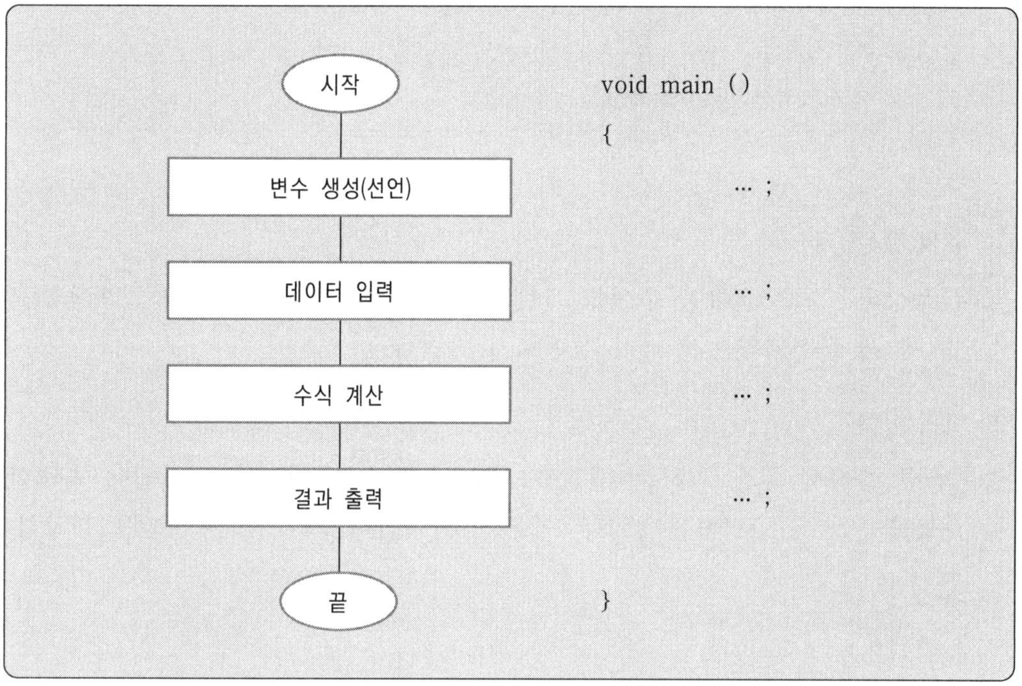

① **시작** – void main() {

main() 함수의 시작(프로그램의 시작)을 나타낸다.

② **변수 생성(선언)**

변수 정리 과정에서 입출력 속성별로 정리한 변수를 생성하는 작업이다.

③ **데이터 입력**

입력변수가 있을 경우 수식 계산 전에 [대입문] 또는 [scanf() 함수를 이용하여 키보드로 입력]을 사용하여 문제에서 주어지거나 필요한 데이터를 입력하는 과정이다. 일반적으로 입력하고자 하는 데이터가 프로그램 내에서 빈번하게 바뀌지 않는 특정값이 주어진 경우에는 대입문을 이용하고, 특정값이 주어지지 않거나 빈번하게 바뀔 수 있는 경우에는 scanf() 함수를 이용한 키보드 입력방법을 사용하는 것이 좋다. scanf() 함수를 이용한 키보드 입력방법은 앞서 설명한 대화식 입력방법을 사용하도록 하자.

> 대입문 : 빈번하게 바뀌지 않는 특정값이 주어진 경우
>
> scanf() 함수 : 특정값이 주어지지 않거나 빈번하게 바뀔 수 있는 경우,
> 대화식 입력방법 사용

④ 수식 계산

앞서 작성해둔 프로그래밍 수식을 그대로 써 넣으면 된다. 이때 프로그래밍 수식 작성법에 맞게 작성되었는지 다시 살펴보기 바란다.

⑤ 결과 출력

출력변수 중에서 최종 원하는 결과를 printf() 함수를 이용하여 화면에 출력한다. 변수 내용을 화면에 출력하는 방법은 기본 입출력의 printf() 함수 설명을 참고하라.

⑥ 끝 – }

main() 함수의 끝으로 프로그램 종료를 나타낸다.

6 디버깅 및 완료

디버깅(debugging)은 벌레를 잡는다는 의미로 작성된 프로그램을 컴파일하여 문장에 오류가 없는지, 실행하면서 잘못 수행되어 원하지 않는 결과가 나오는지 살펴보고 오류를 수정하는 과정이다. 프로그램을 작성하면서 문법적으로 가장 많이 하는 실수는 다음과 같다.

■ 가장 많이 나타나는 문법적 오류

① 표준함수를 #include 안했거나 변수 생성이 안 되어 있을 때
*error C2065: '*******' : undeclared identifier*

② 실행문 마지막에 세미콜론 ';' 이 빠졌을 때
*error C2146: syntax error : missing ';' before identifier '****'*

③ 괄호를 열고 안 닫았을 때
error C2143: syntax error : missing ')' before ';'

④ 이중인용부호(따옴표) "를 열고 안 닫았을 때
error C2001: newline in constant

이러한 오류 외에도 프로그램을 컴파일할 때는 문제가 없다 하더라도 프로그램 수식 내용의 오류, scanf() 함수 및 printf() 함수 사용의 오류 등으로 인하여 원하지 않는 결과가 나오는 경우도 많다.

■ 원하지 않는 결과가 나올 경우 살펴야 할 사항

① 프로그래밍 수식을 잘못 작성한 경우, 정수/정수 문제, 분수식을 나누기 형태로 작성 시 계산 순서를 명확하게 하기 위한 괄호 등등

② scanf() 함수에서 입력변수 앞에 & 붙이기

③ printf(), scanf() 함수 사용 시 변환기호와 변수의 데이터형 일치시키기

따라서 이와 같은 다양한 오류에 대하여 디버깅 과정을 통해 모든 오류를 해결하여 프로그램 작성을 완료한다.

프로그래밍을 잘하는 사람은 프로그램 작성 과정 중에 나타나는 오류를 잘 해결하는 사람이다.

예제 4.9 프로그래밍 작성법에 따른 프로그래밍 예

[문제] 직사각형의 두 변을 길이를 알 때, 직사각형의 둘레와 면적을 구하라.

① 문제분석 - 두 변의 길이를 각각 a, b라고 하자.

* 필요공식 - 둘레 : L = 2 (a + b)

- 면적 : A = ab

② 프로그래밍 수식

```
L = 2 * ( a + b ) ;
A = a * b ;
```

③ 변수 정리

* 출력변수 : float L, A ;

* 입력변수 : float a, b ;

④ 흐름도 및 프로그램 작성(전처리기 #include 부는 생략)

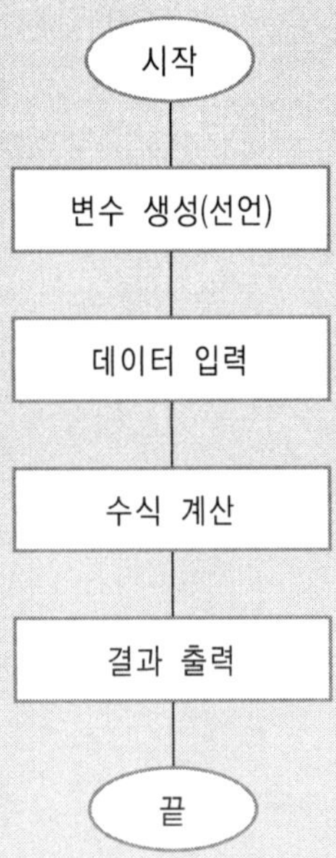


```
void main()
{
    float L, A;
    float a, b;

    printf("* 직사각형 두 변 a, b 입력 \n");
    printf("a(mm)=?"); scanf("%f",&a);
    printf("b(mm)=?"); scanf("%f",&b);

    L = 2 * ( a + b );
    A = a * b;

    printf("* 계산 결과 \n");
    printf("둘레 : %.2f mm \n", L);
    printf("면적 : %.2f mm^2 \n", A);
}
```

4.7 기초 계산 프로그래밍 연습

[문제 1] 원의 지름(Dmm)을 알 때, 원의 둘레 및 면적을 구하라.

<table>
<tr>
<td>① 문제분석
* 참고 : 원둘레 = $2\pi r$, 면적 = $\frac{\pi D^2}{4}$
(r은 원의 반지름, D는 원의 지름)

② 프로그래밍 수식

③ 변수 정리</td>
<td>④ 흐름도 및 프로그램 작성</td>
</tr>
</table>

[문제 2] 구의 반지름(r mm)을 알 때, 구의 표면적 및 부피를 구하라.

<table>
<tr>
<td>

① 문제분석

* 참고 : 구의 표면적= $4\pi r^2$, 부피= $\frac{4\pi r^3}{3}$

② 프로그래밍 수식

③ 변수 정리

</td>
<td>

④ 흐름도 및 프로그램 작성

</td>
</tr>
</table>

[문제 3] 두 점 (x_{1}, y_1), (x_{2}, y_2)를 연결하는 직선의 기울기를 구하라.

① 문제분석 ② 프로그래밍 수식 ③ 변수 정리	④ 흐름도 및 프로그램 작성

[문제 4] 끝점이 $(x_{1,} y_1)$, $(x_{2,} y_2)$인 직선과 끝점이 $(x_{3,} y_3)$, $(x_{4,} y_4)$인 직선의 교차점 (x, y)를 구하라.

① 문제분석 ② 프로그래밍 수식 ③ 변수 정리	④ 흐름도 및 프로그램 작성

[문제 5] 반지름 R인 원이 있다. 원의 중심(0, 0)에서 x축과 이루는 각도가 $\theta°$일 때, 원주 위에 점의 위치 $(x,\ y)$는?

<table>
<tr><td>① 문제분석

② 프로그래밍 수식

③ 변수 정리

</td><td>④ 흐름도 및 프로그램 작성</td></tr>
</table>

[문제 6] 지름 D인 원형 봉이 R rpm으로 회전한다. 원주속도 V를 구하라.

① 문제분석 ② 프로그래밍 수식 ③ 변수 정리	④ 흐름도 및 프로그램 작성

[문제 7] 저항 R_1, R_2, R_3가 직렬연결 되어 있고 공급 전압이 V volt이다. 각 저항에 걸리는 전압 V_1, V_2, V_3 및 전류 I_1, I_2, I_3를 구하라.

<table>
<tr><td>① 문제분석

② 프로그래밍 수식

③ 변수 정리

</td><td>④ 흐름도 및 프로그램 작성</td></tr>
</table>

[문제 8] 저항 R_1, R_2, R_3가 서로 병렬연결 되어 있고 공급 전압이 V volt이다. 각 저항에 걸리는 전압 V_1, V_2, V_3 및 전류 I_1, I_2, I_3를 구하라.

① 문제분석 ② 프로그래밍 수식 ③ 변수 정리	④ 흐름도 및 프로그램 작성

[문제 9] 인장하중 Pkgf가 작용하는 길이 L인 연강봉이 있다. 이 연강봉의 허용 응력(σ_a)이 $16\mathrm{kg_f/mm^2}$일 때, 연강봉의 최대 지름은? 그리고 이때 늘어난 길이는?(연강봉의 탄성계수 $E = 2.1 \times 10^4 \mathrm{kg_f/mm^2}$이다.)

① 문제분석 ② 프로그래밍 수식 ③ 변수 정리	④ 흐름도 및 프로그램 작성

[문제 10] 토크 $T\,\mathrm{kg_f \cdot cm}$가 작용하는 지름 $d\,\mathrm{mm}$인 연강봉에 작용하는 전단응력(τ)은 얼마인가?

① 문제분석 ② 프로그래밍 수식 ③ 변수 정리	④ 흐름도 및 프로그램 작성

제5장

프로그램 제어문

5.1 제어문의 개요

제어문은 프로그래밍에서 매우 중요한 명령어이다. 이는 어떤 조건에 따라 실행문의 수행 여부를 결정짓는 명령으로 크게 조건제어와 반복제어로 분류한다.

- 조건제어 : 조건이 참이면, 실행문 한 번 수행
- 반복제어 : 조건이 참이면, 실행문 계속 수행. 조건이 거짓이 되면 수행 끝

제어문은 기본적으로 조건에 따라서 실행문의 수행 여부를 결정하는데 이때 조건제어는 조건이 참이면 실행문을 한 번 수행하고 끝을 낸다. 그러나 반복제어는 조건이 참인 동안은 실행문을 계속 반복수행하게 되고 조건이 거짓이 되면 수행을 끝내게 된다.

이러한 제어문은 프로그램에서 조건에 따라 실행문의 수행 여부 결정뿐만 아니라 선택수행, 분기수행, 반복수행 등등 상황에 따라 원하는 작업을 수행하도록 지시하는 역할을 한다. 이는 마치 사람이나 동물이 항상 어떤 조건에 따라 행동하도록 하는 것과 같기 때문에 프로그래밍에서도 어떤 작업을 수행하도록 하는 데 적절한 제어문의 사용은 매우 중요한 문제가 된다.

이 장에서는 C/C++에서 제공하는 제어문의 기초를 다룸으로써 상황에 따라 적절하게 제어문을 활용하는 방법에 대해 공부하도록 할 것이다.

※ **주** : 제어문은 목적에 따라 정말 다양한 형태로 활용이 가능하다. 그러나 많은 프로그래머들은 몇 가지 상황에 따라 일정한 형식으로 정해서 사용하고 있다. 그렇게 하지 않으면 제어문 때문에 작업의 흐름을 분석하기가 매우 어렵게 되고 후에 오류 검토, 프로그램 수정 등이 힘들 수 있다.

5.2 조건제어

1 조건에 따른 실행문 수행 여부 결정 : if문

형식

```
if (조건식)  실행문 ;

if (조건식)  {              // 중괄호 {} 로 여러 실행문을 한 그룹으로 묶음.
   실행문 1 ;
   실행문 2 ;
      :
}
```

가장 기본적인 조건제어문의 형태로 조건에 따른 실행문 수행 여부 결정법이 있다. 이는 if 라는 예약어를 사용하여 뒤에 소괄호로 조건식을 써주고 그 뒤에 조건의 참, 거짓에 따라 수행 여부가 결정되는 실행문을 써 주는 방법이다. 그리고 조건이 참일 때 수행할 실행문이 여러 개면 조건식 뒤에 중괄호 { } 로 여러 실행문을 하나의 그룹으로 만들어서 사용한다.

이는 말 그대로 조건이 참일 때 실행문 또는 실행문의 그룹을 한번 수행하고 끝을 내도록 하는 것이다.

예제 5.1은 두 값을 입력받고 연산기호를 입력받아 연산기호에 따라 두 값에 대한 연산 결과를 출력하는 프로그램이다. 변수 a와 변수 b에 계산할 두 값을 scanf() 함수를 이용하여 키보드로 입력하도록 하였고 연산기호는 getche() 함수로 입력하였다(getche() 함수는 키보드로부터 문자 하나를 입력받는 함수로 화면에 눌려진 키를 표시해 준다). 그런 다음 연산기호를 if문으로 비교하여 '+', '−', '*', '/' 중 해당하는 연산을 수행하여 결과를 표시하도록 한다.

예제 5.1 두 값을 입력받아 연산기호에 따라 연산 결과를 출력하라.

```
#include <stdio.h>
#include <conio.h>

void main() {
	float a, b;
	char op;

	printf("a=?"); scanf("%f",&a);
	printf("b=?"); scanf("%f",&b);
	printf("operator (+,-,*,/)?); op=getche();

	printf("\n\n");
	if (op=='+') printf("%.2f + %.2f = %.2f \n",a, b, a+b);
	if (op=='-') printf("%.2f - %.2f = %.2f \n",a, b, a-b);
	if (op=='*') printf("%.2f * %.2f = %.2f \n",a, b, a*b);
	if (op=='/') printf("%.2f / %.2f = %.2f \n",a, b, a/b);

}
```

2 조건에 따라 선택수행 : if-else문, if-else if문

형식

```
if (조건식) 실행문 1 ;
else 실행문 2 ;



if (조건식) {
        실행문 a ;
        실행문 b ;
}
else {
        실행문 c;
        실행문 d;
}
```

조건에 따라 선택수행하는 구문으로 첫 번째 if-else문이 있다. 이는 조건이 참이냐 거짓이냐에 따라서 수행할 실행문을 선택하도록 하는 구문으로 if 다음에 조건식을 소괄호 내에 쓰고 조건식이 참일 때 수행할 실행문 또는 실행문 그룹을 적는다. 그런 다음 조건이 참이 아닐 때 (즉, 거짓일 때) 수행할 내용을 else를 쓰고 그 뒤에 작성하면 된다. 여기서 else는 '그렇지 않으면'이라는 뜻으로 조건이 거짓일 때 실행문을 수행시키기 위한 예약어이다. else는 단독으로 사용될 수 없으며, 반드시 if문과 같이 사용된다.

위의 형식에서 처음 내용은 조건식이 참이면 실행문 1이 수행되고, 그렇지 않으면 실행문 2가 수행되는 형태이다. 그리고 두 번째 형식은 참 또는 거짓일 때 여러 실행문을 수행하고자 하면 중괄호{ }로 실행문 그룹을 만들어서 사용한다.

예제 5.2 홀수, 짝수 판별

```
#include <stdio.h>

void main() {
        int x ;
```

```
        printf("x=?"); scanf("%d", &x);

       if ((x%2)==0) printf("x는 짝수 \n");
       else printf("x는 홀수 \n");
}
```

예제 5.3 5의 배수 판별

```
#include <stdio.h>

void main() {
       int x ;

        printf("x=?"); scanf("%d", &x);

       if ((x%5)==0) printf("x는 5의 배수이다.\n");
       else printf("x는 5의 배수가 아니다. \n");
}
```

예제 5.4 두 값을 입력받아 큰 값을 출력

```
#include <stdio.h>

void main() {
       float x, y ;

        printf("x=?"); scanf("%f", &x);
        printf("y=?"); scanf("%f", &y);

       printf("\n");
       if (x >= y) printf("큰 값은 %.4f 이다. \n", x);
       else printf("큰 값은 %.4f 이다. \n", y);
}
```

그리고 조건에 따라 선택수행하는 구문으로 if-else if문이 있다.

형식 여러 조건에 따른 실행문 선택수행 : if-else if문

```
if (조건식 1)   실행문 1 ;
else if (조건식 2)   실행문 2 ;
else if (조건식 3)   실행문 3 ;
            :
else   실행문 n ;
```

이것은 형식에서 나타낸 바와 같이 여러 조건 중에 만족하는 조건에 대하여 실행문을 수행하고 끝을 내는 구문이다. 만약 조건식 1이 참이면 실행문 1을 수행하고 그 다음 조건에 대한 비교는 수행하지 않고 끝을 낸다. 그리고 만약 조건식 1이 참이 아니면 그 다음 조건식 2를 비교 판단하는 방식으로 순차적으로 조건을 비교 판단해 간다. 그러다 조건식 3이 참이면 실행문 3을 수행하고 다음 조건에 대한 비교 검토 없이 조건문을 끝낸다.

```
if (조건식 1)   실행문 1 ;
if (조건식 2)   실행문 2 ;
if (조건식 3)   실행문 3 ;
            :
if (조건식 n)   실행문 n ;
```

이는 else 없이 if문으로만 구성한 것과는 구별이 된다. 위와 같이 if문으로만 여러 조건을 비교하도록 하면 조건식 1이 참이더라도 실행문 1을 수행한 후에 그 다음 조건식 2도 비교 평가하면서 모든 if문의 조건식을 비교 검토하는 것과는 다르다.

예제 5.5 다음 두 조건문을 비교 검토하라.

① **if-else문**

```
if (score >= 90) printf("A \n");
else if (score >= 80) printf("B \n");
else if (score >= 70) printf("C \n");
else if (score >= 60) printf("D \n");
else printf("F \n");
```

② if문
```
if (score >= 90) printf("A \n");
if (score >= 80) printf("B \n");
if (score >= 70) printf("C \n");
if (score >= 60) printf("D \n");
if (score < 60 ) printf("F \n");
```

예제 5.5와 같이 점수에 대해 등급분류를 위한 조건문을 만든다고 하자. 이때 90점 이상이면 'A', 80점 이상이면 'B', …, 60점 미만이면 'F'를 출력하고자 하는데 여기서 80점 이상부터는 '90점이 아니면'이라는 전제조건이 포함되어 있다. 따라서 이를 ① if-else문과 같이 작성하면 두 번째 조건부터는 앞에 조건이 거짓일 때를 내포하기 때문에 문제없이 잘 분류할 수 있다. 그러나 이를 ② if문으로만 작성하면 처음 조건을 만족하더라도 그다음 조건을 모두 비교하기 때문에 점수가 90점 이상이면 이는 80, 70, 60 이상도 모두 만족하게 되어 'A', 'B', 'C', 'D'를 출력하게 된다.

따라서 ② if문과 같이 작성하고자 한다면 내포된 조건까지 포함해서 조건식을 명확하게 작성해야 할 필요가 있다.

• **예제 5.5의 ② if문으로 작성할 때 올바른 표현**

```
if (score >= 90) printf("A \n");
if (score >= 80 && score <90) printf("B \n");
if (score >= 70 && score <80) printf("C \n");
if (score >= 60 && score <70) printf("D \n");
if (score < 60 ) printf("F \n");
```

예제 5.6 점수를 입력받아 등급으로 분류하여 출력하라.

*** 예 5.5 참고**

2 조건에 따른 분기수행 : if-goto문

형식

①
```
    if (조건식) goto LABEL ;
                :
 LABEL:   실행문 ;                // LABEL은 뒤에 콜론(:)으로 표시
                :
```

②
```
                :
 LABEL:   실행문 ;                // LABEL은 뒤에 콜론(:)으로 표시
                :
     if (조건식) goto LABEL ;
                :
```

조건에 따른 분기수행은 조건이 참이면 라벨(LABEL)로 표시한 곳으로 수행 순서를 넘기는 명령으로 if문과 예약어인 goto문을 조합하여 작성한다. 이는 형식에서 보는 바와 같이 ① 또는 ②와 같이 사용을 하는데 ①의 형식은 조건이 참이면 if문 다음과 LABEL 앞까지의 실행문은 수행하지 않고 건너뛰게 된다. 그리고 수행 순서를 LABEL이 붙어 있는 실행문부터 수행하게 된다.

②의 형식은 조건이 참이 되면 수행 순서를 LABEL이 붙어 있는 앞의 실행문으로 다시 보내어 LABEL과 조건문 사이의 내용을 반복수행하게 된다.

여기서 LABEL은 예약어, 변수, 함수이름으로 사용한 것을 제외하고 다양한 단어로 사용할 수 있으나 보통 L1, L2, L3, … 등으로 많이 표기한다.

※ **참고** : 이러한 조건에 따른 분기수행은 실제 C/C++ 프로그래밍에서는 잘 사용하지 않는다. 왜냐하면 조건 분기는 프로그램 분석을 매우 어렵게 하는 경우가 많아 나중에 수정 편집할 때에 곤란한 경우가 많다. 그리고 C/C++에서는 함수 또는 반복제어 등등을 이용해서 굳이 조건 분기를 사용하지 않더라도 충분한 경우가 많다. 따라서 조건 분기는 알고리즘 상에서 도저히 좋은 방법이 없을 때에 한하여 사용한다.

5.3 반복제어

반복제어는 엄밀히 말하자면 조건제어의 확장이다. 즉, 기본 사항은 조건이 참이면 실행문을 수행하고 다시 조건을 비교 판단하여 계속 수행할 것인지 결정한다. 따라서 조건이 참인 동안에는 실행문을 계속 반복수행하게 되고 조건이 거짓이 되었을 때 반복문은 끝이 난다.

while문 형식

```
while (조건식) {
        실행문1;
        실행문2;
            :
}
```

반복문의 가장 기본 예약어는 while문이다. 사용 형식은 위와 같이 if문과 유사하게 while을 사용하여 나타내며 조건식이 참인 동안 실행문 그룹을 계속 반복수행하게 된다.

이와 같이 어떤 조건에 따라 반복수행 여부를 결정하는 while문은 정말 다양하게 응용해서 활용이 가능하다. 그러나 이는 반대로 프로그래밍을 매우 어렵게 느끼도록 하는 요소가 될 수 있으며, 실제 오류를 수정한다든지 내용을 분석할 때에 작업자를 매우 힘들게 하는 사항이 되어 버린다.

이 때문에 기본 while문 외에 for문을 두었으며, 프로그램 작성자들은 특별한 경우가 아니면 반복을 위한 조건도 몇 가지 형태로만 제한해서 사용하고 있다(반복문에는 do-while문도 있으나 여기서는 생략한다).

반복조건

① 반복 횟수나 범위가 정해져 있지 않은 경우 : while문 사용
② 반복 횟수가 정해진 경우 : for문 사용
③ 반복 범위가 정해진 경우 : for문 사용

1 반복 횟수나 범위가 정해져 있지 않은 경우 : while문 사용

가장 기본적으로 반복 횟수나 범위가 반복조건으로 정해져 있지 않고 다른 특정한 조건에 따라 반복 여부를 결정하는 경우에는 앞서 설명한 while문을 이용하여 반복문을 구성한다. 이때는 while (조건식) { }에서 조건식에 특정 조건을 줄 수도 있지만 이보다는 무한루프 용법으로 반복문 내의 실행문을 무조건 계속 반복하도록 구성하고 반복문 내에서 탈출조건을 if문으로 작성하여 특정 조건이 되면 반복문을 끝내도록 한다.

※ **참고** : 무한루프 용법

```
while (1) {
        :
    if (탈출조건) break;
        :
}
```

while문의 조건식에는 조건을 1로 두어 무조건 참이 되도록 함으로써 반복문 내용을 무조건 계속 반복하도록 구성한 것이다. 따라서 반복문 내에 반드시 if문으로 구성된 탈출조건이 있어야 하며, break라는 예약어로 반복문을 끝낼 수 있도록 작성한다.

이와 같은 무한루프 용법으로 반복문을 구성하는 경우는 반복을 끝내는 조건이 반복 횟수나 범위가 아닌 어떤 특정 조건을 가질 경우이다.

게임의 예를 들면, 게임의 진행은 기본적으로 계속 반복되어지는데 여기서 게임을 끝내기 위한 여러 조건들에 따라 반복문을 끝내도록 처리하면 된다.

또한 일반 워드 같은 응용 프로그램도 마찬가지로 문서 편집 동안은 계속 반복을 시켜놓고 끝내기 위한 탈출조건으로 메뉴에서의 종료버튼을 눌렀을 경우로 설정해 놓은 것이다.

예제 5.7 무한루프 용법의 예

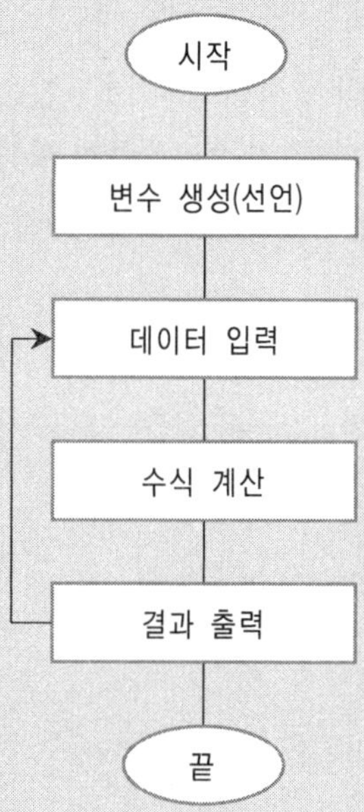


```
void main()
{
    float L, A;
    float a, b;
    char key;

    while(1) {
        printf("* 직사각형 두 변 a, b 입력 \n");
        printf("a(mm)=?"); scanf("%f",&a);
        printf("b(mm)=?"); scanf("%f",&b);

        L = 2 * ( a + b );
        A = a * b;

        printf("* 계산 결과 \n");
        printf("둘레 : %.2f mm \n", L);
        printf("면적 : %.2f mm^2 \n", A);

        printf("다시 계산하겠습니까?(y/n)");
        key = getch();
        if (key != 'y') break;
    }
}
```

예제 5.7은 예제 4.9의 프로그램에서 결과 출력 후 바로 끝내지 않고 계속 반복해서 계산을 하도록 수정한 것이다. 이와 같이 결과 출력 후에 데이터 입력, 수식 계산, 결과 출력을 반복해서 수행하고자 할 경우에는 반복 횟수나 범위의 지정 없이 일단 무한 루프 용법으로 반복하도록 한 후에 탈출조건으로 'y'가 아닌 경우로 정하여 if문으로 구성하면 된다. 이는 앞서 4장의 공학문제의 수학적 계산 프로그램에서 모두 동일하게 적용할 수 있다.

2 반복 횟수가 정해진 경우 : for문 이용

반복시킬 조건으로 특정 반복 횟수가 정해져 있을 경우에는 일반적으로 for문을 많이 사용한다. 물론 while문으로도 예제와 같이 반복문을 구성할 수 있지만 이와 같이 while을 사용하게 되면 반복을 위한 필요요소들이 분산되어 있어 반복시킬 실행문이 많아졌을 경우에 반복을 어떻게 시키고 있는지 한눈에 들어오지 않고 일일이 따져 봐야 하는 문제가 발생하게 된다. 따라서 특정 반복시킬 조건을 한눈에 알아보기 쉽도록 구성하여 제공해 주는 것이 for문이다. 또한 앞으로 수치해석 문제해결을 위해 매우 중요한 예약어이니 for문에 대하여 명확히 이해하도록 하자.

예제 5.8 while문과 for문의 비교(10회 반복)

```
i = 0;

while ( i < 10 ) {
        :
    실행문 ;
        :
    i++;
}
```

```
for (i=0; i < 10; i++) {
        :
    실행문 ;
        :
}
```

※ **참고** : while문은 횟수 체크를 위한 카운트변수의 초기화, 조건설정, 증감설정이 분산되어 있다. for문은 이를 일목요연하게 한눈에 알아보기 쉽게 모아 두었다.

for문 기본 형식

```
for ( 변수초기화 ;  조건식  ; 증감연산 )  {
    실행문 ;
}
```

따라서 for문은 기본 형식에 나타낸 바와 같이 소괄호 ( ) 안에 변수초기화, 조건식, 증감연산을 세미콜론 ';'으로 구분하여 작성하고, 반복수행할 실행문 내용을 작성하면 된다. 여기서 소괄호 ( ) 안의 내용을 반복을 위한 필요요소라고 생각하면 되는데 이는 특별히 이렇게 사용해야 한다는 규정이 따로 없다. 즉, 같은 반복을 하더라도 필요요소 내용을 다양하게 정의할 수 있다는 것이다. 하지만 while문 대신 좀 더 쉽게 사용하기 위하여 준비한 for문이므로 보통 프로그래머들은 일정 형태로 정해두고 for문을 사용한다. 따라서 반복횟수에 따른 반복수행을 위한 필요요소의 형식은 다음과 같다.

반복횟수가 정해진 for문 사용 형식 예

```
for ( 카운트변수 = 0 ; 카운트변수 < 반복횟수 ; 카운트변수++ ) {
        실행문 ;
}

* 예) 100회 반복수행
for ( i = 0 ; i < 100 ; i++ ) {
        실행문 ;            // i는 0 ~ 99까지 하나씩 증가하면서 수행
}
// for문이 끝나면 i 는 100을 가지고 있다.
```

※ **참고** : 카운트변수
- 실행문을 반복수행할 때마다 수행한 횟수를 체크하기 위한 변수
- 되도록 정수형 변수를 사용한다.
- 변수이름은 보통 i, j, k, m, n 등의 순으로 사용한다. 단일 for문에서는 i 만 있으면 되지만 다중 for문에서는 카운트변수도 여러 개가 필요하다.

※ **주** : 100회 반복 예와 같이 구성하면 i는 for문이 수행되는 동안 0~99까지 하나씩 증가하면서 변한다. 따라서 for문의 실행문은 총 100회 수행하고 끝을 낸다. 이때 for문이 끝나고 나면 i에는 100이 저장되어 있다.

※ **참고** : 물론 100회를 반복하는 방법은 다양하게 있지만 나중에 다루게 될 배열 및 포인터에서 카운트변수는 매우 중요한 인자가 된다. for문을 다양한 형태로 사용하다 보면 배열과 포인터에서 문제를 일으키게 될 수 있다. 이는 오류를 해결하기에 매우 곤란한 사항이 될 수 있고 C/C++ 프로그래밍을 포기하게 되는 요소가 될 수 있어 주의하기 바란다.

예제 5.9 1~20까지 출력

```
#include <stdio.h>

void main() {
        int i;

        for ( i = 0; i < 20; i++ ) {
                printf("[%d] 입니다. \n", i+1);
        }
}
```

예제 5.10 1 + 2 + 3 + .. + 100의 결과

```
#include <stdio.h>

void main() {
        int i;
        float R;

        R = 0;
        for ( i = 0; i < 100; i++ ) {
                R += i+1 ;        // i는 0~99까지 변하므로 i+1을 넣었다.
        }                        // R += i+1; 은 R = R + (i+1);의 축약형

        printf("1+2+3+..+100 = %.2f \n", R);
}
```

■ 다중 for문

```
for ( i = 0; i < 10 ; i++ ) {
        for ( j =0; j < 5 ; j++) {
                실행문 ;
        }
}
```

다중 for문은 위의 예와 같이 for 안에 for문이 존재하는 구문으로 보통 단일 for문을 1차원이라고 한다면 위의 이중 for문은 2차원적인 문제를 다루게 된다. 위의 예는 j를 0~4까지 변화시키면서 실행문을 5번 반복수행하는 것을 0~9까지 변화되는 i의 for문에 의해 총 10번 반복수행시키는 것이다. 이때 총 10번을 반복시키기 위해 카운트변수를 i로 사용하였기 때문에 내부 for문에서는 카운트변수를 j로 사용하였다.

이처럼 프로그램 내에 단일 for문만 존재한다면 카운트변수는 i만 있어도 상관없지만 다중 for문이 되면 카운트변수가 서로 독립적이 되어야 하기 때문에 내부 for문은 다른 카운트변수를 사용하여야 한다. 위의 예처럼 for 안에 for가 있는 이중 for문은 카운트변수를 각각 i, j를 사용하였지만, 삼중 for문이 되면 카운트변수는 i, j, k가 필요해진다.

예제 5.11 이중 for문의 예(1)

```
#include <stdio.h>

void main() {
        int i, j;

        for ( i = 0; i < 6; i++ ) {
                for( j = 0; j < 8; j++ ) {
                        printf("*");
                }
                printf("\n");
        }
}
```

예제 5.12 이중 for문의 예(2)

```
#include <stdio.h>

void main() {
        int i, j;
```

```
        for ( i = 0; i < 5; i++ ) {
                for( j = 0; j < i+1; j++ ) {
                        printf("*");
                }
                printf("\n");
        }
}
```

연습문제 | 프로그램 제어문

01 x단의 구구단을 계산하여 출력하라.

02 전체 구구단을 계산하여 출력하라.

3 반복 범위가 정해진 경우 : for문 이용

for문의 또 다른 한 사용 형식으로 반복 범위가 정해진 경우가 있다.

수학적 문제에서 a부터 b까지 값이 c만큼 증가해 간다고 할 때에 보통은 이를 앞서 설명한 '2 반복 횟수가 정해진 경우의 for문 사용법'으로 나타낸다. 하지만 이러한 경우에는 직관적으로 반복조건을 알아보기 힘든 경우가 많아 공부하는 입장에서 어려워할 수도 있다. 따라서 반복 범위가 정해진 경우에는 다음과 같이 사용할 수도 있다.

반복 범위가 정해진 for문 사용 형식 예

```
* a부터 b까지 c만큼씩 증가하면서 실행문 반복
  for ( 카운트변수 = a ; 카운트변수 <= b ; 카운트변수 += c ) {
        실행문 ;
  }

* 예) 1부터 50까지 2씩 증가
  for ( i = 1 ; i <= 50 ; i += 2 ) {
        실행문 ;              // i는 1 ~ 50까지 2씩 증가하면서 수행
  }
  // for문이 끝나면 i는 52를 가지고 있다. 주의
```

예를 들어 예제 5.13의 문제를 보자. 0.1 + 0.2 + 0.3 + .. + 0.9의 결과를 출력하기 위하여 반복 조건으로 쉽게 생각할 수 있는 것은 0.1부터 0.9까지 0.1씩 증가하고 있다는 것이다.

따라서 반복문은 for (i = 0.1; i <= 0.9; i += 0.1) { .. }로 설정하였다. 여기서 주의할 점은 증가량이 0.1로 실수이기 때문에 카운트변수를 float형으로 생성해야 한다는 것이다. 이와 같이 구성하면 i값은 0.1부터 0.9까지 0.1씩 증가하면서 변하게 되고 이를 모두 더하도록 하였다.

예제 5.13 0.1 + 0.2 + 0.3 .. + 0.9 결과 출력

```
#include <stdio.h>
void main() {
      float i;              // 0.1씩 증가해야 하므로 float형을 쓴다.
      float R;

      R = 0;
      for ( i = 0.1; i <= 0.9; i += 0.1 ) {
              R += i ;
      }

      printf("0.1 + 0.2 + 0.3 + .. + 0.9 = %.2f \n", R);
}
```

수학적 문제를 다룰 때 이러한 방법으로 반복을 시키면 직관적으로 반복조건을 알기가 쉽다. 하지만 카운트변수가 나중에 배열에서 매우 중요한 인자로 쓰이게 되는 데 문제가 발생할 수 있어서 실제 프로그래머는 이러한 방법을 잘 쓰지 않으려고 한다. 그래서 되도록 ' 2 반복횟수가 정해진 경우의 방식'으로 for문을 사용하길 권장한다.

예제 5.14 0.1 + 0.2 + 0.3 .. + 0.9 결과 출력, 2 의 방식

```
#include <stdio.h>
void main() {
        int i;
        float R;

        R = 0;
        for ( i = 0; i < 9; i++ ) {
                R += ( i+1 ) * 0.1 ;
        }

        printf("0.1 + 0.2 + 0.3 + .. + 0.9 = %.2f \n", R);
}
```

5.4 프로그래밍 연습 : 급수 문제

가장 기초적인 급수 문제로서 예 5.9의 1 + 2 + 3 + .. + 100의 결과를 얻기 위한 프로그램을 작성하는 과정을 살펴보자.

① 문제분석

※ **참고** : 1 + 2 + 3 + .. + 100으로 표현된 것을 '급수전개식'이라 한다. 이를 급수에 대한 프로그래밍 수식으로 변경하기 위한 필요공식은 '급수일반식'이다. 따라서 문제분석 단계에서는 급수일반식으로 표현하는 것이 중요하다.

1 + 2 + 3 + .. + 100을 구하기 위한 급수일반식은 다음과 같다.

$$R=\sum_{i=1}^{100} i$$

[필요공식] : $R=\sum_{i=0}^{99}(i+1)$

※ **주** : 일반 수학에서는 시작점이 1이지만 프로그래밍에서는 시작점을 0으로 두는 것이 좋다. 그리고 C/C++에서 반복문은 반복 범위 지정 방식보다는 반복 횟수 지정 방식을 이용하기를 권장한다.

② 프로그래밍 수식

$R=\sum_{i=0}^{99}(i+1)$ ⇨	`R = 0;      // 저장 공간 초기화`
	`for( i=0; i<100; i++ ) {`
	`    R += ( i+1 ) ;`
	`}`

여기서 급수일반식이 프로그래밍에서 왜 중요한지 알 수 있다. 일반식을 프로그래밍 수식으로 고치는 과정을 보면, '$R=\sum$'은 'R +='로 대응되는 것을 알 수 있다.

그리고 $\sum$ 다음에 나오는 수식을 그대로 프로그램에서 사용하는 수식으로 작성하고, $\sum$ 아래와 위에 있는 i값 범위를 가지고 for문으로 작성하여 위의 수식을 반복시킨다. 이때 i=0으로 초기값을 주고 반복횟수는 99+1=100회이다. 마지막으로 for문 앞에 결과 저장 공간인 변수 R을 0으로 초기화한다. 이는 변수를 생성했을 때 그 안에 어떤 값이 들어 있을지 모르고 기존 값에 더해나가는 연산을 수행하기 때문이다.

따라서 급수일반식을 프로그래밍 수식으로 고치는 것은 다음과 같이 거의 공식화되어 있다고 봐도 무방하다. 그렇기 때문에 급수 문제를 컴퓨터로 풀기 위해서는 반드시 급수일반식부터 구하는 것이 중요하다.

■ 급수일반식을 프로그래밍 수식으로 고치는 방법

$R=\sum_{i=0}^{N}(\text{수식})$	`R = 0;`
	`for ( i = 0; i < N+1; i++ ) {`
	`    R += (프로그래밍 수식) ;`
	`}`

※ **참고** : 반복을 위한 필요요소들을 설정하는 방법은 다양하다. 예를 들어 범위 지정 방식으로 for (i=0; i<=N; i++) { } 로 작성해도 결과는 똑같다. 급수 문제에서는 사실상 어떤 방법을 사용해도 특별한 문제없이 같은 결과를 얻을 수 있기 때문에 다양한 방법으로 for문을 작성해 보는 것도 나쁘지는 않다. 하지만 for문은 다음 장에 나오는 배열의 사용과 매우 긴밀한 관계이고 이때 자칫하면 컴파일시의 오류가 아닌 프로그램 수행 중에 지정되지 않은 공간에 데이터를 저장시키려는 오류를 범할 수 있다. 그리고 이러한 오류가 발생되면 프로그래밍 초보자들은 이를 찾는 것이 매우 힘들고 수정하기 어려운 경우가 많아서 C/C++을 포기하게 될 수도 있다. 그래서 여러분에게 되도록이면 반복 범위 지정 방식을 권장하고 싶지 않다.

③ 변수 정리

변수 정리에서는 for문에서 사용하는 카운트변수부터 정리하자.

카운트변수 : int i;

출력변수 : float R;

입력변수 : 없음

④ 프로그램 작성

```
#include <stdio.h>

void main() {
        int i;
        float R;

        R = 0;
        for ( i = 0; i < 100; i++ ) {
                R += ( i+1 );
        }

        printf("1+2+3+..+100 = %.2f \n", R);
}
```

여기서 무엇부터 작성해야 할지 잘 모르겠으면 '4.6의 프로그램 작성법'에서 설명한 흐름도를 생각하라. 항상 '시작 – 변수 생성 – 데이터 입력 – 수식 계산 – 결과 출력 – 끝'의 순서대로 내용을 작성하면 된다.

[문제 1] $x+\frac{x^2}{2}+\frac{x^3}{3}+\cdots+\frac{x^7}{7}$의 결과를 구하라.

① 문제분석

$$R=\sum_{i=1}^{7}\frac{x^i}{i}$$

[필요공식]

$$R=\sum_{i=0}^{6}\frac{x^{i+1}}{i+1}$$

② 프로그래밍 수식

```
R = 0;
for ( i=0; i<7 ; i++ ) {
    R += pow(x, i+1) / (i+1) ;
}
```

③ 변수 정리

- 카운트변수 : int i ;
- 출력변수 : float R;
- 입력변수 : float x;

④ 프로그램 작성

```
#include <stdio.h>
#include <conio.h>
#include <math.h>

void main()
{
    int i;
    float R;
    float x;

    printf("x=?"); scanf("%f",&x);

    R=0;
    for( i=0; i<7; i++) {
        R += pow(x, i+1) / (i+1);
    }

    printf("결과 = %.4f", R);
}
```

[문제 2] $x - \frac{x^2}{2} + \frac{x^3}{3} - \cdots + \frac{x^7}{7}$ 의 결과를 구하라.

① 문제분석

$$R = \sum_{i=1}^{7} (-1)^{(i-1)} \frac{x^i}{i}$$

[필요공식]

$$R = \sum_{i=0}^{6} (-1)^i \frac{x^{i+1}}{i+1}$$

② 프로그래밍 수식

```
R = 0;
for ( i=0; i<7 ; i++ ) {
    R += pow(-1, i) * pow(x,
        i+1) / (i+1) ;
}
```

③ 변수 정리

- 카운트변수 : int i ;
- 출력변수 : float R;
- 입력변수 : float x;

④ 프로그램 작성

```
#include <stdio.h>
#include <conio.h>
#include <math.h>

void main()
{
    int i;
    float R;
    float x;

    printf("x=?"); scanf("%f",&x);

    R=0;
    for( i=0; i<7; i++) {
        R += pow(-1, i) * pow(x,
            i+1) / (i+1);
    }

    printf("결과 = %.4f", R);
}
```

[문제 3] $\frac{1}{2}+\frac{1}{4}+\frac{1}{6}+\cdots+\frac{1}{20}$의 결과를 구하라.

① 문제분석 ② 프로그래밍 수식 ③ 변수 정리	④ 프로그램 작성

[문제 4] $x-\frac{x^2}{3}+\frac{x^3}{5}-\frac{x^4}{7}+\frac{x^5}{9}$의 결과를 구하라.

<table>
<tr><td>① 문제분석

② 프로그래밍 수식

③ 변수 정리</td><td>④ 프로그램 작성</td></tr>
</table>

[문제 5] $R = \sum_{i=2}^{5}(-1)^i \frac{x^i}{2i} + \sum_{i=3}^{5}\left(\frac{x^{i+2}}{2^i}\right)$의 결과를 구하라.

<table>
<tr><td>① 문제분석

② 프로그래밍 수식

③ 변수 정리</td><td>④ 프로그램 작성</td></tr>
</table>

5.5 프로그래밍 연습 : 테일러 급수 문제

공학에서 테일러(Taylor) 급수는 매우 중요한 급수 중에 하나이다. 실제 계산기나 컴퓨터에서 계산하는 여러 수학함수는 테일러 급수에 의해 그 함수값을 구한다고 생각하면 된다. 예를 들어 삼각함수인 $\sin x$의 값은 원래 sin의 정의에 의해 기하학적으로 구해야 하지만 이것으로 정밀한 값을 구하는 것은 매우 어렵고, 계산기나 컴퓨터에서는 기하학적 방법으로 sin값을 구할 수 없다. 하지만 테일러 급수를 이용하여 sin 함수를 고차방정식의 형태로 나타내면 계산기나 컴퓨터로 정밀한 값을 쉽게 구할 수 있게 된다.

이처럼 어떤 함수 $f(x)$를 계속 미분할 수 있다면, 테일러 급수를 이용하여 이를 고차방정식의 형태로 나타낼 수 있다.

■ 테일러 급수의 함수 전개식

$$f(x)=f(a)+f'(a)(x-a)+\frac{f''(a)}{2!}(x-a)^2+\frac{f'''(a)}{3!}(x-a)^3+\cdots$$

$a=0$이라 두면,

$$f(x)=f(0)+f'(0)x+\frac{f''(0)}{2!}x^2+\frac{f'''(0)}{3!}x^3+\cdots$$

여기서는 가장 기초적인 몇 가지 수학함수에 대해 다루도록 하겠다.

먼저 $\sin x$ 함수의 함수 전개식을 가지고 프로그래밍 수식으로 고치고, $\sin x$값을 급수를 이용하여 구하는 프로그램을 작성해 보자.

■ $\sin x$ 함수 전개식

$$\sin x=x-\frac{x^3}{3!}+\frac{x^5}{5!}-\frac{x^7}{7!}+\frac{x^9}{9!}-\cdots$$

① 문제분석

급수의 함수 일반식을 구한다.

[필요공식]

$$f = \sum_{i=0}^{\infty}(-1)^i \frac{x^{2i+1}}{(2i+1)!}$$

② 프로그래밍 수식

```
f=0;
for( i=0; i<20; i++ ) {
        fac = 1 ;
        for( j=0; j < 2*i+1; j++ ) {
                fac *= j+1 ;
        }
        f += pow(-1, i) * pow(x, 2*i+1) / fac ;
}
```

※ **참고** : N! = 1 * 2 * 3 * … * N

```
fac=1;
    for( i=0; i < N; i++ ) {
        fac *= i+1 ;
    }
```

③ 변수 정리

- 카운트변수 : int i, j;
- 출력변수 : double fac, f;
- 입력변수 : float x;

④ 프로그램 작성

```
#include <stdio.h>
#include <conio.h>
#include <math.h>

void main() {
        int i, j;
        double fac, f;
        float x;

        printf("각도(deg)?"); scanf("%f", &x);
        x*=3.141592 / 180.0;      //deg->rad 변환

        f=0;
        for( i=0; i<20; i++ ) {
                fac = 1 ;
                for( j=0; j < 2*i+1; j++ ) {
                        fac *= j+1 ;
                }
                f += pow(-1, i) * pow(x, 2*i+1) / fac ;
        }

        printf("sin값 = %.4lf \n", f);
}
```

[문제 6] $\cos x$를 급수를 이용하여 결과를 구하라.

① 문제분석 ② 프로그래밍 수식 ③ 변수 정리	④ 프로그램 작성

[문제 7] e^x를 급수를 이용하여 결과를 구하라.

① 문제분석 ② 프로그래밍 수식 ③ 변수 정리	④ 프로그램 작성

제6장

배 열

6.1 배열의 개념

배열은 같은 데이터형을 가지는 여러 개의 데이터를 저장하고 다루기 위하여 한꺼번에 여러 개를 확보한 메모리 공간이다. 일반 변수를 단독 주택에 비유한다면 배열은 다세대 주택 또는 아파트와 같은 개념이라고 생각하면 된다.

만약 저장하거나 다루어야 할 같은 속성의 데이터가 100개가 있다고 하자. 일반 변수를 사용한다면 일일이 변수이름을 바꿔가며 100개의 변수를 하나하나 직접 생성을 해야 하고, 데이터를 입력 또는 출력할 때에도 하나하나 직접 수행문을 작성해야 한다.

하지만 배열을 사용하면 간단히 데이터 100개를 저장할 공간을 확보하고, 반복제어문과 함께 배열에 지정된 번호만 바꿔가며 일괄처리가 가능하다.

〈표 6.1〉 일반 변수와 배열의 비교

일반 변수	배열

int a0, a1, a2, a3, a4, ..., ;
a0 = 0;
a1 = 0;
a3 = 0;
:
	int a[100];
	
	for(i=0;i<100;i++) {
	a[i] = 0;
	}

일반 변수를 위의 예와 같이 a0, a1, ...으로 생성을 하였을 때, a0, a1, ... 등에 붙은 숫자는 자체가 변수이름으로 사용된 문자라 어떤 첨자로 일반화를 해서 자동으로 변경할 수 없다. 하지만 배열은 a[0], a[1], ...으로 사각괄호 [ ] 안에 정수상수로 번호를 사용하기 때문에 a[i]와 같이 번호를 i로 일반화하여 자동으로 숫자를 변경할 수 있다.

■ 배열을 사용하는 경우

- 같은 데이터형인 여러 개의 데이터를 일괄처리하고자 할 때
- 같은 데이터형인 데이터의 양이 매우 많을 때
- 행렬 계산을 할 때
- 문자열을 다룰 때

따라서 같은 데이터형을 가지는 여러 개의 데이터를 일괄처리하고자 할 때나 그 데이터의 양이 매우 많을 경우에는 반드시 배열을 사용해야만 한다. 그리고 수학적으로는 행렬을 이용하여 여러 가지 문제를 해결하고자 할 때에도 배열을 이용한다. 또한 C/C++ 언어에서는 문자열 데이터도 배열을 이용하여 모두 처리하도록 하고 있다.

■ 배열과 포인터

배열과 포인터는 밀접한 관계를 가진다. 포인터는 데이터가 저장될 메모리 주소를 저장하는 공간을 말하는데 배열의 이름은 이러한 포인터의 속성을 가지고 있다.

한편으로는 포인터 안에 배열의 개념이 포함되어 있다고 보면 된다. 일종의 배열은 포인터의 기능 중 일부를 이용하기 쉽게 만들어 놓은 것이다. 기계어에서는 따로 배열은 없고 모두 포인터로 배열 기능까지 쓰고 있다. 그래서 포인터는 활용도도 무궁무진하고 C/C++ 언어의 고급 유저가 되기 위해서는 반드시 필요한 내용이다. 하지만 기초 과정에서 포인터는 기계적 요소라 다루는 것이 매우 어렵기 때문에 이 책에서는 다루지 않을 것이다. 따라서 여기서는 배열을 이용하여 공학적 문제를 해결하는 기초적인 부분만 다루도록 하겠다.

6.2 1차원 배열

1 배열의 생성

형식

```
데이터형    배열이름 [방의 개수] ;

데이터형    배열이름1 [방의 개수],  배열이름2 [방의 개수], ... ;


예) int a[10];                float x[100];
    int x[5], y[5], z[5];
```

※ **주** : 배열의 데이터를 저장할 메모리 공간을 앞으로 방이라 지칭하겠다.

배열은 일반 변수와 마찬가지로 데이터형 예약어를 이용하여 생성한다. 위의 형식과 같이 데이터형을 쓰고 배열이름을 적은 다음에 사각괄호 [ ]를 사용하여 배열을 나타내고 그 안에 여러 데이터를 저장할 방(공간)의 개수를 정의하여 생성을 종료한다. 같은 속성의 배열이 여러 개인 경우에는 콤마(,)로 나열하여 생성을 한다.

※ **주** : 방의 개수는 반드시 정수상수만 사용한다.

예와 같이 int a[5]; 라고 쓰면 정수 데이터를 저장할 공간 5개를 확보하고 이름을 a로 둔다는 의미를 가진다. 즉, 5개의 정수 데이터를 저장할 정수형 배열 a를 생성하는 것이다. 배열 a는 메모리 상에 정수형 데이터를 저장하기 위한 공간 5개를 확보하고 여기에 [0]~[4]까지 각각 방번호를 붙이게 된다. 따라서 배열 생성 후에는 방번호를 붙여서 여러 데이터를 저장할 수 있게 된다.

예제 6.1 배열의 생성 예

int a[5]; • a[0]~a[4]를 배열변수로 사용할 수 있다.	방번호 a [0] 데이터 [1] 데이터 [2] 데이터 [3] 데이터 [4] 데이터

※ **주** : 배열의 방번호는 0번부터 시작되어 (방의 개수-1)까지 사용한다. 그리고 방번호는 정수형 상수, 정수형 변수, 정수형 수식 모두 쓸 수 있다.

2 배열에 데이터 입력

배열에 데이터를 입력하는 방법은 크게 세 가지 형태로 ① 대입문 입력, ② scanf() 함수에 의한 키보드 입력, ③ 배열 초기화 입력이 있다. 그리고 대입문과 scanf() 함수 사용방법에서는 일반 변수와 같이 하나하나 직접 입력하는 방법과 for문을 이용한 일괄처리방법이 있다.

① **대입문 입력** : 고정된 특정값이 주어진 경우
 - 하나하나 직접 입력 : 특정값이 규칙성이 없을 때
 - for문을 이용한 일괄처리 입력 : 특정값이 일정하거나 규칙성을 가지고 있을 때

② **scanf() 함수에 의한 키보드 입력** : 특정값이 주어지지 않거나, 특정값을 빈번하게 바꿀 경우
 - 하나하나 직접 입력 : 특정 위치값만 입력, 거의 사용할 일 없음.
 - for문을 이용한 일괄처리 입력

③ **배열 초기화 입력** : 대입문 입력 대신에 사용을 많이 함.

여기서 대입문 입력방법은 고정된 특정값이 주어진 경우에 사용하는 방법으로 특정 방번호의 배열변수에 대입문으로 직접 데이터를 입력하는 것이다. 이는 배열에 특정 방번호를 써서 일반 변수처럼 데이터를 저장하거나 방번호를 카운트변수로 대체하여 for문으로 일괄처리할 수 있다.

일반적으로 일반 변수처럼 데이터를 하나하나 직접 입력하는 경우는 데이터가 많으면 매우 불편하고 비효율적이다. 따라서 데이터들이 규칙성이 없이 주어진 경우에만 어쩔 수 없이 하나하나 직접 입력을 하고 특정값으로 일정하거나 규칙성을 가지고 있을 때는 for문을 이용한다.

예제 6.2 대입문 사용 예

```
int a[5];

  a[0] = 3;
  a[1] = 4;
  a[2] = 1;
  a[3] = 0;
  a[4] = 2;
```

```
int a[5];

a[0] = 0;            for( i=0; i<5; i++ ) {
a[1] = 0;                a[i] = 0;
a[2] = 0;            }
a[3] = 0;
a[4] = 0;
```

```
int a[5];

a[0] = 10;              for( i=0; i<5; i++ ) {
a[1] = 20;                 a[i] = (i+1)*10;
a[2] = 30;              }
a[3] = 40;
a[4] = 50;
```

※ **참고** : 대입문 입력 대신에 배열 초기화법으로 많이 사용한다.

scanf() 함수를 이용하여 키보드로 입력하는 방법은 보통 특정값이 주어져 있지 않거나 특정값이 주어진다 하더라도 빈번하게 그 값을 바꿀 경우에 사용한다. 보통 배열의 방번호를 카운트변수로 넣고 일반화하여 for문과 함께 일괄처리하는 방법을 많이 사용한다.

예제 6.3 scanf() 함수 사용 예

```
int i;
int a[5];

for( i=0; i<5; i++ ) {
     printf("a[%d]", i);  scanf("%d", &a[i] );
}
```

마지막으로 배열 초기화법은 배열을 생성하면서 특별히 여러 개의 데이터를 한 번에 입력하는 방법으로 앞서 설명한 대입문을 이용하여 일일이 입력하는 방법 대신에 좀 더 효율적으로 데이터를 입력하는 방법이다.

■ **배열의 초기화**

```
int a[5] = { 3, 4, 1, 0, 2 };

float x[5] = { 10.0, 20.0, 30.0, 40.0, 50.0 };
```

이는 배열을 생성할 때 대입문을 사용하여 중괄호 { }로 묶은 데이터 리스트를 입력시키는 것으로 중괄호 내의 데이터들은 생성된 배열의 각 방에 순서대로 입력되어진다.

3 배열 데이터의 출력

배열의 데이터를 출력하는 방법은 역시 printf() 함수를 사용하면 된다. 특정 방번호의 배열 내용을 출력하고자 할 때는 일반 변수와 마찬가지로, 예로 2번 방이면

```
printf("a[2] = %d \n", a[2] );
```

이와 같이 사용하면 된다. 하지만 배열 내용을 순서대로 모두 출력하고자 할 때는 방번호를 카운트변수로 쓰고 일반화하여 for문으로 일괄처리한다.

예제 6.4 배열 출력 예(1)

```
int i;
int a[5] = { 2, 3, 1, 5, 0 }

for( i=0; i<5; i++ ) {
    printf("a[%d] = %d  \n", i, a[i] );
}
```

예제 6.5 배열 출력 예(2)

```
int i;
int a[5] = { 2, 3, 1, 5, 0 }

for( i=0; i<5; i++ ) {
    printf("%d \t", a[i] );
}
printf("\n");
```

예제 6.4와 6.5는 두 가지 출력형태를 나타낸 것으로 직접 실행결과를 통하여 어떻게 출력되는지 비교 검토해 보기 바란다.

6.3 프로그래밍 연습 : 최대값, 최소값, 평균과 표준편차, 정렬

1 최대값, 최소값 구하기

데이터 10개를 입력받아 최대값, 최소값을 구하는 프로그램을 작성해 보자.

① 문제분석

최대값 구하는 방법을 살펴보면 다음과 같다(최대값 구하는 알고리즘).

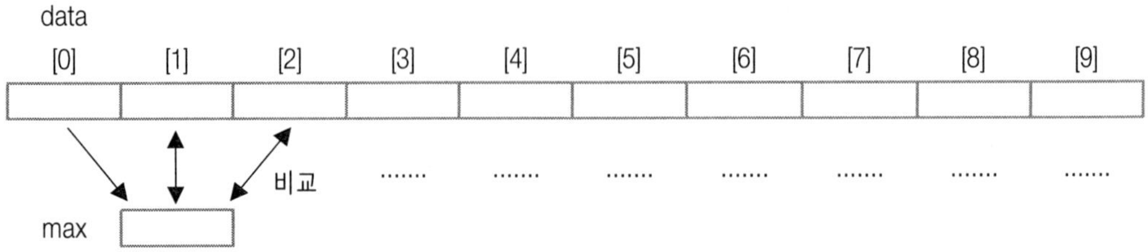

a. max에 data[0]의 내용을 복사한다.
b. max와 data[i]의 내용을 비교하여 data[i]가 max보다 크면 max에 data[i]의 내용을 복사한다.
c. i 위치를 바꿔 b의 내용을 반복수행한다(반복은 데이터가 끝날 때까지 수행함).

※ **참고** : 최소값은 b의 비교 결과를 반대로 하였을 경우이다.

② 프로그래밍 수식

```
max = min = data[0];
for( i=0; i<10 ; i++ ) {
    if ( max < data[i] ) max = data[i];
    if ( min > data[i] ) min = data[i];
}
```

③ 변수 정리

– 카운트변수 : int i;
– 출력변수 : float max, min;
– 입력변수 : float data[10];

④ 프로그램 작성

```
#include <stdio.h>

void main()
{
      int i;
      float max, min;
      float data[10];
```

```
    for( i=0; i<10; i++ ) {
        printf("data[%d]", i);  scanf("%f", &data[i] );
    }

    max = min = data[0];
    for( i=0; i<10 ; i++ ) {
        if ( max < data[i] ) max = data[i];
        if ( min > data[i] ) min = data[i];
    }

    printf("최대값 = %.4f \n", max );
    printf("최소값 = %.4f \n", min );
}
```

2 평균값과 표준편차 구하기

데이터 10개를 입력받아 평균과 표준편차를 구하는 프로그램을 작성하자.

① 문제분석

a. 평균값

$$avg = \frac{\sum_{i=1}^{N} x_i}{N}$$

b. 표준편차

$$std = \sqrt{\frac{\sum_{i=1}^{N} (x_i - avg)^2}{N}}$$

평균값과 표준편차를 구하기 위한 수식은 a와 b와 같다. 여기서 N은 데이터 개수이다. 일반적으로 x_i와 같이 변수에 아래첨자가 붙어 있으면 i에 따라 개별적인 데이터를 나타내는 것으로 이것은 배열을 이용한다.

② 프로그래밍 수식

```
avg = 0;
for( i=0; i<10; i++ ) {
    avg += x[i];
}
```

```
avg /= i;
s = 0;
for( i=0; i<10; i++ ) {
   s += pow( x[i] - avg , 2 );
}
s /= i;
std = sqrt(s);
```

* 변수 정리와 프로그램 작성은 직접 해보자.

③ 변수 정리

④ 프로그램 작성

3 버블 정렬(bubble sort)

데이터 10개를 입력받아 오름차순으로 정렬하는 프로그램을 작성하자.

① 문제분석

가장 기본적인 정렬 알고리즘인 버블 정렬에 대해 알아보자.

예를 들어 데이터가 [9, 2, 8, 6, 1] 이 있다고 하자.

여기서 앞에서부터 두 개씩 비교하여 앞에 숫자가 크면 두 숫자를 자리바꿈하고 위치를 바꿔 다음 두 수를 비교한다. 즉, 9와 2를 비교, 앞에 9가 크니 자리바꿈. 그 다음 9와 8을 비교. 앞에 9가 크니 자리바꿈. 끝까지 비교하고 나면, [2, 8, 6, 1, 9] 순서가 되어 있다. 다시 앞에서부터 두 개씩 비교하고 자리바꿈을 또 수행한다. 그럼 [2, 6, 1, 8, 9]가 된다. 이와 같이 N개의 데이터에 대하여 위치를 바꿔가면서 두 개씩 비교하여 앞 수가 클 때 자리바꿈 하는 과정을 총 N-1번 수행하고 나면 오름차순 정렬이 끝이 난다.

※ **참고** : 오름차순 버블 정렬 알고리즘은 다음과 같다.

a. 현재 위치의 수와 다음 위치의 수 비교, 앞의 수가 크면 자리바꿈
b. 위치를 바꿔서 a 반복수행(위치는 N-1번 까지)
c. a와 b를 N-1번 반복수행

② 프로그래밍 수식

문제분석에서 알아본 오름차순 버블 정렬 알고리즘을 프로그램 수식으로 나타내 보면 다음과 같다.

```
for( j=0; j<N-1; j++ ) {          //전체 처리 과정 N-1번 반복
    for( i=0; i<N-1; i++ ) {      //두 수 비교 후 자리바꿈.
        if ( data[i] > data[i+1] { //data[i]가 data[i+1]보다 크면 자리바꿈.
            buff = data[i];
            data[i] = data[i+1];
            data[i+1] = buff;
        }
    }
}
```

이와 같이 자리바꿈 할 때에는 임시 저장 공간인 buff를 두고 현재 위치[i] 데이터를 buff에 저장한 후, 다음 위치[i+1] 데이터를 현재위치[i]에 복사한다. 그런 다음 buff 내용을 다음 위치에 저장하면 된다.

여기서 반복 횟수는 N-1이 됨에 주의한다. 따라서 주어진 문제에서 10개의 데이터이면 반복횟수는 9가 된다.

③ 변수 정리

– 카운트변수 : int i, j;
– 출력변수, 입력변수 : float data[10];

＊ 프로그램 작성은 직접 해보자.

④ 프로그램 작성

6.4 2차원 배열

2차원 배열은 저장해야 할 데이터가 행과 열로 2차원적으로 존재할 때 사용된다. 보통 수학에서는 행렬문제를 다룰 때 사용된다. C/C++ 언어에서는 **다차원 배열**이라 하여 배열의 차원에 특별한 한계가 없지만 실제는 3차원 배열도 잘 사용하지 않는다. 이 책에서는 2차원 배열까지만 다루도록 하겠다.

1 2차원 배열의 생성

2차원 배열은 수학에서는 a_{ij}와 같이 아래첨자가 두 개 있는 데이터 군. 즉, $N \times M$ 행렬과 같은 2차원 행렬 데이터를 취급할 때 사용한다.

형식

```
데이터형  배열이름 [행 개수] [열 개수] ;

예)  int a[2][3];   //행 개수 2, 열 개수 3인 정수형 a 배열
     float x[5][5]; //행 개수 5, 열 개수 5인 실수형 x 배열
```

위의 형식과 같이 배열이름 다음에 사각괄호 [ ][ ] 두 개를 사용하여 2차원 배열임을 정의하고 각각 행 개수와 열 개수를 정수상수값으로 설정한다. 이처럼 다차원 배열은 원하는 차원만큼 사각괄호를 붙이고 그 안에 개수를 넣어주면 된다.

※ **참고** : a_i와 같이 아래첨자가 하나면 1차원 배열을 사용한다. 즉, $1 \times N$ 또는 $N \times 1$인 행렬은 1차원 데이터로 1차원 배열을 사용한다.

다음 행렬을 다루기 위한 배열의 생성 예를 살펴보자.

예제 6.6 배열의 생성 예

$[a_1 a_2 a_3 a_4]$	=> 요소 : a_i =>	float a[4];
$\begin{bmatrix} a_1 \\ a_2 \\ a_3 \end{bmatrix}$	=> 요소 : a_i =>	float a[3];
$\begin{bmatrix} a_{11} a_{12} a_{13} a_{14} \\ a_{21} a_{22} a_{23} a_{24} \\ a_{31} a_{32} a_{33} a_{34} \end{bmatrix}$	=> 요소 : a_{ij} =>	float a[3][4];
$\begin{bmatrix} a_{11} a_{12} a_{13} \\ a_{21} a_{22} a_{23} \\ a_{31} a_{32} a_{33} \\ a_{41} a_{42} a_{43} \end{bmatrix}$	=> 요소 : a_{ij} =>	float a[4][3];

※ **참고** : 위의 예와 같이 배열을 생성하여 배열을 사용할 때에는 행번호 및 열번호 역시 0부터 시작한다. 즉, float a[4][3];으로 생성되어 있다면, 2차원 배열 a는 a[0][0], a[0][1], ... a[3][2]까지 행과 열의 번호를 붙여 사용한다.

2 2차원 배열의 데이터 입력

2차원 배열에 데이터를 입력할 때에는 1차원 배열과 마찬가지로 여러 가지 방법이 있다. 그러나 여기서는 3가지 형태만 기억하도록 하자.

① 일정값 일괄처리 입력 : for문, 대입문 사용

② scanf() 함수를 이용한 일괄처리 입력 : for문, scanf() 함수 사용

③ 배열 초기화법 : 배열 생성 시 대입문 사용

① 일정값 일괄처리 입력 : for문, 대입문 사용

예제 6.7 생성된 2차원 배열에 모두 0.0을 입력

```
int i, j;
float a[3][4];

for( i=0; i<3; i++ ) {
    for( j=0; j<4; j++ ) {
        a[i][j] = 0.0;
    }
}
```

일정한 값을 for문으로 일괄처리하여 입력하고자 하면, 2차원 배열 a[i][j]는 첨자가 두 개이기 때문에 예와 같이 이중 for문을 사용하면 된다. 일반적으로 바깥쪽 for문은 카운트변수로 i를 사용하여 행을 반복 처리하고 안쪽 for문은 카운트변수로 j를 사용하여 열을 반복 처리한다.

② scanf() 함수를 이용한 일괄처리 입력 : for문, scanf() 함수 사용

예제 6.8 생성된 2차원 배열에 scanf() 함수를 사용하여 대화식 입력

```
int i, j;
float a[3][4];

for( i=0; i<3; i++ ) {
    for( j=0; j<4; j++ ) {
        printf("a[%d][%d] = ?", i, j ); scanf("%f", &a[i][j] );
    }
}
```

특정 값이 주어지지 않은 경우나 빈번히 바꿔야 하는 경우에는 위와 같이 scanf() 함수를 이용하여 대화식으로 키보드 입력을 하도록 한다. 역시 2차원 배열이라 이중 for문을 이용하고 있음을 알 수 있다.

③ 배열 초기화법 : 배열 생성 시 대입문 사용

예제 6.9 생성된 2차원 배열을 특정값으로 초기화

```
int i, j;
float a[3][4] = { 2, 3, 4, 5,
                  1, 7, 8, 2,
                  0, 3, 5, 6 };

float b[2][3] = { 0, 0, 0,
                  0, 0, 0 };
```

배열 초기화법은 특정값이 주어진 경우 매우 편하게 데이터를 입력하는 방법으로 배열 생성 시에 위와 같이 중괄호 { } 안에 저장할 데이터를 콤마(,)로 구분하여 나열해서 작성하면 된다. 2차원 배열도 실제 메모리에서는 1차원으로 메모리 공간을 확보하기 때문에 위와 같이 콤마로 구분하여 1차원적으로 나열하여도 배열에 저장되면서 각 위치에 순서대로 들어가게 된다. 따라서 데이터 그룹을 옆으로 일렬로 { 2, 3, 4, 5, 1, 7, 8, 2, 0, 3, 5, 6 }; 작성해도 되지만 행렬에 맞춰서 보기 좋게 다음 줄로 끊어서 표시한다(C/C++ 언어는 라인의 끝은 항상 세미콜론 ';' 이다).

※ **참고** : 배열의 입력은 1차원, 2차원 모두 특정값이 주어지면 배열 초기화법을, 특정값이 주어지지 않거나 빈번히 바뀔 경우는 scanf() 함수로 대화식 입력방법을 많이 사용한다.

3 2차원 배열 내용의 출력

2차원 배열의 내용은 출력할 때, 되도록이면 행렬의 형태와 같이 출력해 주는 것이 보기 좋다. 따라서 다음과 같은 배열 출력의 예를 살펴보자.

예제 6.10 2차원 배열 출력

```
int i, j;
float x[4][3];
      :
      :
```

```
    :
for( i=0; i<4; i++ ) {                  // 행 4
    for( j=0; j<3; j++ ) {              // 열 3
        printf("%.2f \t", x[i][j] );  // 열은 가로방향 탭(\t)간격으로
    }
    printf("\n");      //열 출력이 끝나면 다음 줄 처음(\n)으로
}
```

[문제] 2×3 행렬에 데이터를 입력받고 그 내용을 출력하라.

6.5 프로그래밍 연습 : 행렬

1 행렬 더하기

$$\begin{bmatrix} a_{11} & a_{12} & a_{13} & a_{14} \\ a_{21} & a_{22} & a_{23} & a_{24} \\ a_{31} & a_{32} & a_{33} & a_{34} \end{bmatrix} + \begin{bmatrix} b_{11} & b_{12} & b_{13} & b_{14} \\ b_{21} & b_{22} & b_{23} & b_{24} \\ b_{31} & b_{32} & b_{33} & b_{34} \end{bmatrix}$$

① 문제분석

[필요공식]

$$c_{ij} = a_{ij} + b_{ij}$$

$i=1,2,3, \quad j=1,2,3,4$

② 프로그램 수식

```
for( i=0; i<3; i++ ) {
    for( j=0; j<4; j++ ) {
        c[i][j] = a[i][j] + b[i][j];
    }
}
```

③ 변수 정리

카운트변수 : int i, j;

출력변수 : float c[3][4];

입력변수 : float a[3][4], b[3][4];

＊ 직접 프로그램을 작성해 보자.

④ 프로그램 작성

2 행렬 곱하기

$$\begin{bmatrix} a_{11} & a_{12} & a_{13} \\ a_{21} & a_{22} & a_{23} \\ a_{31} & a_{32} & a_{33} \end{bmatrix} \times \begin{bmatrix} b_{11} & b_{12} & b_{13} \\ b_{21} & b_{22} & b_{23} \\ b_{31} & b_{32} & b_{33} \end{bmatrix}$$

① 문제분석

[필요공식]

$$c_{ij} = \sum_{k=1}^{3} a_{ik} b_{kj}$$

$i=1,2,3, \quad j=1,2,3$

＊ 직접 작성해 보자.

② 프로그램 수식

③ 변수 정리

④ 프로그램 작성

연습문제 | 배 열

※ 다음 행렬 계산을 위한 프로그램을 배열을 이용하여 작성하고 결과를 확인하라.

01 $$x\begin{bmatrix} 3 & 4 & 8 \\ 2 & 5 & 0 \\ 1 & 4 & 6 \end{bmatrix} + y\begin{bmatrix} 2 & 1 & 1 \\ 4 & 2 & 3 \\ 6 & 1 & 2 \end{bmatrix}$$

02 $$\begin{bmatrix} 1.2 & 2.5 & 1.4 & 2.2 \\ 3.3 & 0.5 & 1.6 & 0.2 \\ 0.7 & 0.3 & 1.5 & 2.4 \end{bmatrix}\begin{bmatrix} x_1 \\ x_2 \\ x_3 \\ x_4 \end{bmatrix}$$

03 $$\begin{bmatrix} r_1 \\ r_2 \\ r_3 \end{bmatrix} = \begin{bmatrix} \cos\theta & -\sin\theta & 0 \\ \sin\theta & \cos\theta & 0 \\ 0 & 0 & 1 \end{bmatrix}\begin{bmatrix} x_1 \\ x_2 \\ x_3 \end{bmatrix}$$

제7장

파일 입출력의 기초

7.1 파일 열기와 닫기

1 기본 개념

제7장에서는 기본 입출력 중에서 보조기억장치에 파일을 다루는 법에 대하여 간략히 설명하겠다. C/C++ 언어에서는 다양한 파일 입출력을 위하여 다양한 형태의 함수를 제공하고 있다. 그래서 일반 C/C++ 언어와 관련된 책에서는 파일 입출력을 위한 여러 가지 함수에 대해 자세히 설명하고 있다. 하지만 이에 관련된 내용은 초보자뿐만 아니라 고급 사용자가 다루어야 할 내용까지 모두 포함되어 있어서 C/C++ 초보자에게는 혼란과 함께 오히려 어려워서 포기하게 하는 요소가 될 수 있다. 따라서 이 장에서는 초보자가 쉽게 파일 입출력에 접근할 수 있도록 가장 기초 수준에서만 파일 입출력을 다루도록 하겠다.

우선 파일 입출력을 위해서는 그 개념을 좀 알아둘 필요가 있다. C/C++ 언어에서는 보조기억장치 내의 파일에 접근하기 위해서 **파일스트림**(file stream)이라 하는 좀 특별한 변수를 사용한다(이는 포인터, 구조체 등 여기서는 다루지 않은 매우 어려운 개념을 가지고 있는데 일단 포인터와 구조체에 대해서 몰라도 사용할 수 있도록 설명하겠다).

① 파일스트림 변수 준비
② 파일과 파일스트림 변수 연결(파일 열기)
③ 파일스트림 변수를 통해 데이터의 파일 입출력

파일 입출력은 개념도에서 나타낸 바와 같이 메모리 공간 내의 데이터를 보조기억장치의 파일로 저장하거나 파일 안의 내용을 메모리 공간에 저장하기 위하여 가장 먼저 파일스트림 변수를 준비한다. 그리고 준비된 파일스트림 변수와 보조기억장치 내의 파일을 연결하여 파일 열기를 수행한다. 그런 다음 파일스트림 변수를 통해 데이터를 파일로 입출력을 수행한다. 간단하게 이 과정만 이해를 하면 파일 입출력은 어렵지 않다.

[그림 7.1] 파일 입출력 개념도

2 파일스트림 변수

기본 개념에서 설명했듯이 파일 입출력을 위해 가장 중요한 것은 파일스트림 변수이다. 이는 파일스트림 변수가 실질적으로 파일과 연결이 되어 있고, 파일스트림 변수를 통해 데이터 입출력을 행하기 때문에 파일 입출력을 하기 위해서는 가장 먼저 파일스트림 변수를 생성해서 준비해 두어야 한다.

파일스트림 변수 생성

```
FILE    *fp;
FILE    *in, *out;          // '*'는 변수 생성 시에만 붙인다.
```

파일스트림 변수는 FILE이라는 특별한 데이터형을 사용해서 생성한다(본래는 FILE 구조체를 뜻하는데 여기서는 일종의 데이터형이라고 이해를 하자). 그다음 파일 입출력을 위한 변수는 반드시 '*'를 붙여서 생성한다. 이것은 포인터를 다루기 위한 변수를 만들 때 사용하는데 포인터에 대한 것은 여기서는 더 깊이 다루지 않을 것이다. 그냥 파일스트림 변수를 생성할 때는 무조건 변수이름 앞에 '*'를 붙여야 한다고 생각하자. 일반적으로 C/C++ 언어 교재들에서는 변수이름을 위의 예와 같이 'fp'를 많이 사용하는데 이는 'file pointer'의 의미를 가지고 있다. 그 외에도 변수이름은 다양하게 둘 수 있다.

3 파일 열기 : fopen() 함수

파일스트림 변수를 생성하였으면 그다음 수행할 작업은 파일을 열어서 파일스트림과 연결해 주는 것이다. 이때 fopen() 함수를 이용하여 파일을 열고 파일스트림 변수와 연결을 해준다.

파일 열기 형식

```
fp = fopen("파일경로 및 파일이름", "모드");

* 모드
"rt" - 텍스트 읽기 모드  : 기존 파일로부터 텍스트 읽기
"wt" - 텍스트 쓰기 모드  : 텍스트 쓰기를 할 파일을 새로 생성
"at" - 텍스트 추가 쓰기 모드 : 기존 파일에 추가로 텍스트 쓰기
"rb" - 이진 읽기 모드    : 기존 파일로부터 이진 데이터 읽기
"wb" - 이진 쓰기 모드    : 이진 데이터 쓰기를 할 파일을 새로 생성
```

위의 형식과 같이 fopen() 함수를 사용하여 파일을 열고 대입문(=)을 이용하여 파일스트림 변수(fp)와 연결을 한다. 여기서 "모드"는 위에 나타낸 바와 같이 텍스트 읽기("rt"), 쓰기("wt")와 추가 쓰기("at"), 그리고 이진 읽기("rb"), 쓰기 모드("wb")가 있다. 우리는 텍스트 읽기, 쓰기 모드만 잘 알아두자. 특히 쓰기 모드("wt")에서는 파일이 없으면 새로 생성하고, 기존 파일이 있으면 기존 파일은 지우고 다시 생성한다.

파일 열기 예

```
FILE   *fp                          // 파일스트림 변수 생성

fp = fopen("exam.txt", "wt");      // exam.txt 파일에 쓰기 모드
```

파일 열기 예와 같이 작성을 하면 exam.txt 파일을 쓰기 모드로 새로 생성하여 파일스트림 변수(fp)에 연결한다. 이와 같이 파일 열기 작업이 끝나고 나면 파일스트림 변수(fp)를 통해 텍스트 데이터를 파일로 쓸 준비가 완료된다.

※ **주** : 파일스트림 변수 생성 시에는 변수이름 앞에 반드시 '*'기호를 붙인다. 그리고 생성 후에 파일열기 또는 파일 입출력을 할 때에는 그냥 변수이름만 쓰면 된다.

4 파일 닫기 : fclose() 함수

파일은 열어서 데이터를 읽거나 쓰기 작업을 하고 나면 프로그램 종료 전에 반드시 닫아주어야 한다. 파일 닫기 작업은 파일스트림 변수에 연결되어 있는 파일을 끊고 닫아주는 작업으로 파일을 안전하게 보관하기 위한 중요 작업이다. 만약 파일 닫기를 하지 않는다면 프로그램이 종료되어도 파일은 계속 열려 있어서 다른 프로그램이 그 파일에 접근을 못하게 되는 경우가 발생할 수 있다. 파일은 여러 프로그램에서 동시에 열 수 없도록 되어 있기 때문에 파일 읽기 또는 쓰기가 완료되면 반드시 파일을 닫아 다른 프로그램이 파일을 사용할 수 있도록 해주어야 한다.

파일 닫기 형식

```
fclose( fp );
```

파일 닫기는 fclose() 함수 내에 파일이 연결되어 있는 파일스트림 변수를 넣어 닫기 작업을 수행한다. 위의 예처럼 fclose(fp); 라고 쓰면 파일스트림 변수 fp에 연결된 파일을 닫고 연결을 끊는다.

보통 파일 열기는 프로그램의 앞부분에서 수행을 시키고 파일 닫기는 프로그램 종료 전에 수행을 하면 된다. 다음 프로그램의 예를 보자.

파일 열고 닫기의 예

```
#include <stdio.h>

void main() {
    FILE *fp;                          // 파일스트림 변수 생성
    fp = fopen("exam.txt", "wt");      // exam.txt 파일 열기, 쓰기모드


    fprintf( fp, "HELLO!!! \n" );      // 파일에 문자열 쓰기



    fclose( fp );                      // 파일 닫기
}
```

이와 같이 프로그램을 작성하면 현재 소스가 있는 작업 폴더 안에 exam.txt 파일을 만들고 "HELLO!!!"라는 문자열을 써준다. 프로그램을 실행시킨 다음, 탐색기에서 파일이 생성되었는지 확인하고 윈도우의 메모장 프로그램으로 파일 내용을 살펴보자.

7.2 파일 쓰기 : fprintf() 함수

파일스트림 변수를 생성하고 파일을 열어 연결시키고 나면 파일 쓰기 또는 읽기 작업을 수행할 수 있다. 파일 쓰기의 가장 기본적인 방법은 fprintf() 함수를 사용하는 것이다.

fprintf() 함수 형식

```
fprintf( fp, "출력문자열");

fprintf( fp, "출력문자열 변환기호", 변수, ... );
```

fprintf() 함수는 기본적으로 앞에서 공부한 printf() 함수와 동일하다. 그러나 출력 문자열 앞에 파일스트림 변수를 넣어 콘솔화면 대신 출력문자열 내용을 파일스트림 변수에 연결되어 있는 파일로 출력해 준다.

따라서 보통 파일 출력을 위한 준비(파일스트림 변수 생성, 파일 열기)를 모두 한 후에 먼저 printf() 함수로 화면에 내용을 출력해 보고 원하는 대로 올바르게 화면에 출력이 되면, fprintf() 함수로 고쳐 쓴다. 즉, printf()에서 'f'를 붙이고 출력문자열 앞에 파일스트림 변수(fp)를 넣어 주면 된다.

예제 7.1 프로그램은 앞서 4장에서의 예제 4.9 프로그램의 결과를 파일로 출력하도록 한 것이다. 변수 생성 과정 후에 파일스트림 변수를 생성하고 fopen() 함수를 이용하여 exam.txt 파일을 열어 연결하였다. 그런 다음 결과 출력 부분에서 printf() 함수 대신 fprintf() 함수를 사용하여 결과를 파일로 출력하도록 하였다. 출력이 모두 끝나고 나면 fclose(fp) 함수로 파일을 닫는다. 이와 같이 앞에서 공부한 다양한 프로그램의 결과를 파일쓰기 방법으로 파일로 출력하는 연습을 하기 바란다.

※ **주** : fprintf() 함수로 파일에 데이터 쓰기를 할 때는 반드시 fopen()에서 "wt" 쓰기 모드로 파일을 열어야 한다.

예제 7.1 예제 4.9 프로그램의 결과를 파일로 출력하기

```
#include <stdio.h>
void main()
{
    float L, A;
    float a, b;

    FILE *fp;
    fp = fopen("exam.txt", "wt");

    printf("* 직사각형 두 변 a, b 입력 \n");
    printf("a(mm)=?"); scanf("%f",&a);
    printf("b(mm)=?"); scanf("%f",&b);

    L = 2 * ( a + b );
    A = a * b;
```

```
    fprintf( fp, "* 계산 결과 \n");
    fprintf( fp, "둘레 : %.2f mm \n", L);
    fprintf( fp, "면적 : %.2f mm^2 \n", A);

    fclose( fp );
}
```

연습문제

파일 입출력의 기초

01 앞에서 연습해 본 많은 프로그램의 결과를 파일로 출력하라.

02 각도 x를 0도부터 360도까지 변화할 때, sin x값을 파일로 출력하고 엑셀에서 그래프를 그려라.

7.3 파일 읽기 : fscanf() 함수

파일로부터 데이터를 읽어오는 가장 기본적인 방법은 fscanf() 함수를 사용하는 것이다.

fscanf() 함수 형식

```
fscanf( fp, "변환기호", &변수);

fscanf( fp, "변환기호 변환기호 변환기호 ...", &변수, &변수, &변수, ...);
```

fscanf() 함수는 앞서 설명한 scanf() 함수의 사용법과 동일하다. scanf() 함수에서 변환기호가 있는 서식문자열 앞에 파일스트림 변수를 넣어준 것만 다르다고 보면 된다. 따라서 여러 데이터를 파일로 미리 만들어 두고 나서 fscanf() 함수로 그 데이터를 불러오면 된다.

※ **주** : fscanf() 함수는 fopen() 함수로 파일을 열 때, 반드시 "rt" 읽기 모드로 열어야 한다. 그리고 반드시 읽어올 파일이 존재해야 한다. 파일이 존재하지 않으면 파일스트림 변수 안의 값은 0x00 (NULL)을 가지게 된다.

예제 7.2의 파일 읽기 예제 프로그램에서 파일을 열고 난 후, 파일스트림 변수의 내용을 체크하여 파일이 없으면 프로그램을 종료하도록 if문으로 작성하였다. 여기서 return;은 main() 함수를 종료시키기 위한 예약어이다.

파일 읽기와 쓰기는 이 외에도 fread(), fwrite(), fgets(), fputs() 등등의 여러 함수가 있고, fseek()와 같은 파일 내의 위치탐색 함수도 있다. 이처럼 파일 관련 다양한 함수는 중급 실력쯤 되었을 때 공부하기 바라며, 여기서는 다루지 않는다.

예제 7.2 파일 읽기 예제 프로그램

```
#include <stdio.h>


void main()
{
    float a, b;

    FILE  *fp;                       // 파일스트림 변수 생성
    fp = fopen("data.txt", "rt");  // data.txt 파일 열기, 읽기 모드
    if (!fp) return;                 // 파일이 없으면 프로그램 종료

    fscanf( fp, "%f %f", &a, &b);    // 파일로부터 데이터 읽기

    printf("%.4f + %.4f = %.4f \n", a, b, a+b );
    fclose( fp );                    // 파일 닫기
}
```

제8장

사용자 정의형 함수

8.1 함수의 개념

함수는 어떤 특정 작업을 수행하기 위한 하나의 명령체계로서 C/C++ 언어에서는 매우 중요한 요소 중의 하나이다. 다른 프로그래밍 언어에서는 특정 작업을 위한 기능을 명령어라는 체제로 통합해 두고 있다. 그러나 다른 프로그래밍 언어에서의 명령어는 사용자가 그 기능이 마음에 들지 않거나 좀 더 확장을 하고 싶다고 하더라도 변경을 하지 못하고 제공되는 형태로만 사용할 수 있어서 프로그래밍에 제한이 많다고 할 수 있다. 이를 위해 보통 다른 프로그래밍 언어에서는 서브프로그래밍 기법을 많이 활용한다. C/C++ 언어에서는 이러한 서브프로그래밍 기법을 좀 더 확장하고 강력하게 발전시켜 함수라는 형태로 두고 있으며, 특정 작업을 위한 기능을 모두 함수의 형태로 둠으로써 언제든지 사용자가 원하는 형태로 기능을 수행할 수 있도록 하였다.

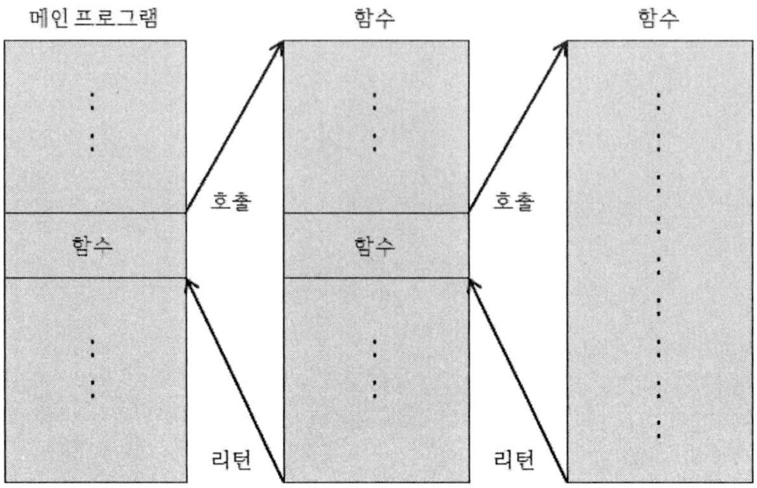

[그림 8.1] 함수 개념도

따라서 C/C++ 언어에서는 명령어는 가장 기본적인 몇 가지만 예약어라는 형태로 두고 대부분의 특정 작업을 위한 기능을 함수라는 형태로 만들었다. 이렇게 함으로써 사용자가 필요할 때 이미 만들어져 있는 함수를 가져오거나 새로 제작하여 원하는 기능을 수행하도록 함으로써 프로그래밍의 제한을 없애고 모듈화가 가능하도록 하였다.

※ **참고** : 함수는 서브프로그램의 발전된 형태이다.
- 특정 작업을 위한 기능을 사용자가 원하는 형태로 만들 수 있다.
- 특정 작업을 위한 기능들을 함수 형태로 만들어 모아서 헤더파일로 저장해 두고 언제든지 #include를 통하여 불러와서 사용할 수 있다.
- 새로운 프로그램 개발 시에 사용자가 미리 만들어 놓은 함수를 언제든지 가져와서 사용할 수 있다.

C/C++ 언어에서 함수는 크게 main() 함수, 표준함수, 사용자 정의형 함수로 구분된다. main() 함수는 메인 프로그램을 나타내는 함수이고, 표준함수는 각종 기본적인 기능을 수행할 수 있도록 C/C++에서 제공하는 함수들을 말한다. 이에 대한 것은 3장에서 설명하였으므로 참고하기 바라며, 이 장에서는 사용자 정의형 함수에 대해 설명하도록 하겠다.

사용자 정의형 함수는 말 그대로 사용자가 직접 특정 기능을 수행하도록 예약어와 표준함수 등을 이용하여 제작한 함수를 말한다. 이는 단독으로는 프로그램으로 수행을 하지는 못하지만 main 프로그램에서 필요할 때, 호출해서 수행시킬 수 있다.

보통 main() 함수 내에서 모든 기능을 하도록 프로그래밍을 하게 되면 프로그램 내용이 매우 많을 때 프로그램을 분석하기 어렵게 되기 때문에 나중에 수정 또는 편집하기가 어렵게 된다. 그리고 또 다른 프로그램을 작성할 때 같은 기능을 위한 내용을 일일이 다시 작성해야 하는 번거로움이 발생할 수 있다.

이때 특정 기능 부분을 사용자 정의형 함수로 따로 작성하게 되면 프로그램 분석도 편하고 새로운 프로그램을 만들 때 미리 작성해 놓은 사용자 정의형 함수를 바로 불러서 사용하면 되기 때문에 프로그램 개발에도 매우 효율적이다.

■ **사용자 정의형 함수의 이점**

- 메인 프로그램을 간략화하여 프로그램 분석이 쉽다.
- 다른 프로그램을 새로 작성할 때, 미리 만들어 놓은 함수를 불러서 사용하면 되기 때문에 프로그램 개발을 빠르고 효율적으로 할 수 있다.

8.2 지역변수와 전역변수

C/C++ 언어에서는 변수는 선언(생성) 장소에 따라 크게 지역변수와 전역변수 그리고 매개변수로 구분할 수 있다.

지역변수는 특정 함수 내에서만 사용되는 변수로 다른 함수에서는 그 내용에 접근하지 못하는 변수를 말한다. 따라서 지역변수는 함수 내에서 변수를 생성하여 그 함수 안에서만 데이터를 저장하고 읽을 수 있다.

예제 8.1 지역변수, 전역변수, 매개변수 (1)

```
#include <stdio.h>

int x, y;                          // 전역변수 x, y

int add( int a, int b )            // 매개변수 a, b
{
    int z;                         // 지역변수 z
    z = a + b ;
    return z;
}

void main()
{
    int z;                         // 지역변수 z
    x = 10; y = 20;
    z = add(x, y) + 50;
    printf( " %d + %d = %d \n ", x, y, z);
}
```

그리고 전역변수는 모든 함수에서 사용할 수 있는 변수로 함수 밖에서 변수를 생성하여 어디서나 자유롭게 데이터를 저장하거나 읽을 수 있도록 한 것이다.

매개변수는 지역변수의 내용을 다른 함수로 전달하기 위하여 사용되는 변수로 함수 생성 시에 함수이름 다음에 붙이는 소괄호 ( ) 안에서 생성된 변수를 말한다.

예제 8.1 프로그램에서 main() 함수와 add() 함수 안에서 생성하여 사용하고 있는 변수 z는 지역변수로 mian() 함수 내의 변수 z와 add() 함수 내의 변수 z는 서로 다른 독립적인 변수이다. 그리고 이 변수들은 각 함수 내에서만 데이터를 읽고 저장할 수 있다.

이처럼 지역변수는 함수 내에서 생성되어 사용하는 것으로 같은 이름을 가진다 하더라도 각 함수에서 독립적으로 사용된다.

따라서 위의 예에서 add() 함수 내의 변수 z는 30을 저장하게 되고, main() 함수 내의 변수 z는 80을 저장하게 된다.

예제 8.2 지역변수, 전역변수, 매개변수 (2)

```
#include <stdio.h>

int x, y;                          // 전역변수 x, y

int add()
{
    int z;                         // 지역변수 z
    z = x + y ;
    return z;
}

void main()
{
    int z;                         // 지역변수 z
    x = 10; y = 20;
    z = add() + 50;
    printf( " %d + %d = %d \n ", x, y, z);
}
```

그리고 변수 x와 y는 함수 밖에서 생성하여 전역변수로 사용하고 있다. 이와 같이 전역변수로 사용하게 되면 함수 내에서는 다시 생성할 필요 없이 바로 전역변수에 데이터를 저장하거나 읽을 수 있다. 예제 8.2는 예제 8.1과 같은 결과를 출력하지만 전역변수와 지역변수의 사용 예를 보인 것이다. 이처럼 전역변수는 main() 함수와 add() 함수 내에서 모두 사용할 수 있는 변수를 말한다.

매개변수는 예제 8.1에서 add() 함수를 생성할 때에 int add(int a, int b) { } 와 같이 함수의 소괄호( ) 안에서 생성한 변수이다. 이는 add() 함수 내에서만 사용되는 일종의 지역변수인데 add() 함수를 호출할 때에 이 매개변수를 통해 값을 전달받아 올 수 있다. 보통 전역변수는 모든 함수 내에서 사용할 수 있어서 예제 8.2와 같이 매개변수 없이 add() 함수를 작성할 수 있다. 하지만 함수 내에서 생성된 지역변수의 값을 다른 함수에 전달하고자 한다면 반드시 예제 8.3과 같이 매개변수를 통해서 할 수 있다.

예제 8.3 지역변수, 매개변수

```
#include <stdio.h>

int add( int a, int b )          // 매개변수 a, b
{
    int z;                       // 지역변수 z
    z = a + b ;
    return z;
}

void main()
{
    int x, y, z;                 // 지역변수 x, y, z
    x = 10; y = 20;
    z = add(x, y) + 50;          // add() 호출 시 x, y 값 전달
    printf( " %d + %d = %d \n ", x, y, z);
}
```

이와 같이 사용자 정의형 함수를 작성해서 사용할 때는 지역변수, 전역변수, 매개변수의 사용이 매우 중요하다. 보통 프로그래밍 초보일 때는 사용자 정의형 함수를 만들어 사용할 때 모든 함수에서 사용할 수 있는 전역변수가 매우 편해 보인다. 하지만 나중에 사용자 정의형 함수를 다른 프로그램 개발 시에 이용하려고 한다면 전역변수보다는 지역변수와 매개변수의 사용이 더욱 효율적이고 중요하다는 것을 알게 될 것이다.

■ 요약정리

- 지역변수 : 함수 내에서 변수를 생성하고 그 함수 안에서만 사용
- 전역변수 : 함수 밖에서 변수를 생성하고 모든 함수에서 사용
- 매개변수 : 지역변수의 일종으로 함수 생성 시 함수의 소괄호 ( ) 안에서 생성, 함수 호출 시 값을 전달하는 매개체 역할

8.3 함수의 선언 및 호출

함수 선언(생성) 형식

```
데이터형  함수이름 ( 매개변수, 매개변수, ... )
{                                              // 함수의 시작
      실행문 ;
        :
        :
      return 리턴값 ;
}                                              // 함수의 종료
```

사용자 정의형 함수는 위의 형식에 나타낸 바와 같다. 여기서 데이터형은 함수가 자체적으로 데이터를 저장하기 위한 공간을 확보하도록 하는 명령으로 이와 같이 함수를 생성할 때에도 사용한다.

함수가 가지는 데이터 저장 공간에 값을 넣을 때는 함수를 끝내는 return 예약어를 이용하여 데이터를 저장한다.

데이터형은 리턴값이 없을 경우에는 'void'를 사용한다. 즉, 함수 자체에 데이터 저장 공간이 필요 없을 때 void형 함수를 생성한다. 그리고 void형 함수는 종료할 때 return을 생략해도 된다. 그러나 return 명령을 사용하여 종료를 하게 되면 리턴값이 없기 때문에 그냥 'return;'으로 종료한다.

보통 main() 함수 앞에는 void를 붙여 void main() { }의 형태로 함수를 작성하였는데 이때 void를 붙인 이유가 main() 함수를 종료할 때 리턴값, 즉 함수 자체에 저장할 데이터가 없기 때문이다. 그래서 main() 함수 종료 시에 return 명령도 생략하였다. 이는 일반 사용자 정의형 함수도 마찬가지이다.

예제 8.4 add() 함수 생성 예(전역변수 사용)

```
#include <stdio.h>

int x, y, z;                // 전역변수 x, y, z

void add()                  // add() 함수 자체에 저장할 내용이 없으므로
{                           // void형으로 add() 함수 생성
    z = x + y ;
}

void main()
{
    x = 10; y = 20;
    add();                  // add() 함수 호출하여 계산
    printf( " %d + %d = %d \n ", x, y, z);
}
```

예제 8.4와 같이 모든 변수를 전역으로 사용하였을 경우 add() 함수의 결과는 전역변수인 z에 저장하기 때문에 add() 함수는 결과값 등을 저장하기 위한 공간이 특별히 필요가 없다. 따라서 void형으로 add() 함수를 생성하여 내용을 작성하였다.

그러나 함수를 종료할 때 리턴값이 존재하면 리턴값의 형태에 따라 데이터형을 써주면 된다.

앞의 예제 8.5 프로그램에서 add() 함수는 더한 결과를 함수 자체가 가지고 있게 되는데 예제 8.5에서는 결과가 정수형 값이기 때문에 add() 함수를 int형으로 생성하고 있다. 그리고 종료할 때는 return에 의해 리턴값 z의 내용을 저장하고 종료를 한다.

예제 8.5 add() 함수 생성 예(지역변수, 전역변수 이용)

```
#include <stdio.h>

int add( int a, int b )           // 결과값 저장을 위해 int형으로 생성
{                                 // 매개변수 a, b를 통해 값을 받아옴.
    int z;                        // 지역변수 z
    z = a + b ;
    return z;                     // add() 함수 종료 시 결과값 z를
}                                 // 함수 자체 저장 공간에 저장한다.

void main()
{
    int x, y, z;                  // 지역변수 x, y, z
    x = 10; y = 20;               // add() 호출 시 x, y 값 전달
    z = add(x, y);                // 계산 결과는 add() 함수가 가지고 있음.
    printf( " %d + %d = %d \n ", x, y, z);
}
```

그리고 예제 8.5에서 add() 함수를 생성할 때, main() 함수에서 사용하는 지역변수 x, y 값을 가지고 오기 위하여 매개변수 a와 b를 함수 소괄호 ( ) 안에 생성하고 있다. 이와 같이 작성하면 main() 함수에서 add() 함수를 호출할 때 매개변수를 통해 main() 함수에서 사용하는 값을 add() 함수로 전달할 수 있다.

이와 같이 매개변수와 return 예약어를 이용하여 함수에 값을 전달하고 결과를 받아오는 방식을 **값에 의한 함수 호출법**이라 한다. 그 외에 참조에 의한 함수 호출법이 있는데 이는 포인터의 개념을 알아야 이해를 할 수 있는 부분이라 기초 과정인 이 책에서는 다루지 않겠다.

※ **참고** : 함수 호출 결과값을 여러 개 받아와야 하는 경우에는 참조에 의한 함수 호출법을 사용해야 한다. 이는 포인터에 대한 내용을 알아야 하는 부분이라 여기서는 설명하지 않는다.

8.4 프로그래밍 연습

이 절에서는 사용자 정의형 함수를 만들어서 사용하는 예를 연습해 보도록 하겠다. 문제분석 후 작성한 프로그래밍 수식과 변수 정리 부분을 main() 함수 내에서 작성하지 않고 사용자 정의형 함수로 만들어서 호출하는 방식을 사용한다. 즉, 사용자 정의형 함수는 프로그램 흐름도에서 수식 계산 부분을 함수화하여 사용하는 것이라고 생각하면 이해가 쉬울 것이다.

초급 과정에서는 일단 값에 의한 함수 호출 방식으로 사용자 정의형 함수의 작성을 연습한다. 단, 이때 사용자 정의형 함수는 하나의 결과값만 리턴이 가능하므로 여러 개의 결과를 얻어야 할 경우에는 각각의 결과를 얻기 위한 함수를 만들거나 결과는 전역변수를 통해 저장하도록 한다.

예제 8.6 직사각형의 두 변의 길이를 알 때, 둘레와 면적을 구하라.

① 문제분석 - 두 변의 길이를 각각 a, b라고 하자.
  * 필요공식 - 둘레 : L = 2 (a + b)
          - 면적 : A = ab

② 프로그래밍 수식
```
L = 2 * ( a + b ) ;
A = a * b ;
```

③ 변수 정리
  * 출력변수 : float L, A ;
  * 입력변수 : float a, b ;

※ **참고** : 여기서 변수는 전역변수로 모두 사용해도 되고, 지역변수로만 사용한다면 둘레, 면적을 구하는 함수를 각각 따로 만들어야 한다.

• 예제 8.6의 프로그램 작성 예 (1) — 전역변수 사용

```
#include <stdio.h>

float L, A;
float a, b;

void calc()                    // 수식 계산부 함수
{
    L = 2 * ( a + b );
    A = a * b;
}

void main()
{
    printf("* 직사각형 두 변 a, b 입력 \n");
    printf("a(mm)=?"); scanf("%f",&a);
    printf("b(mm)=?"); scanf("%f",&b);

    calc();                    // 수식 계산 함수 호출

    printf("* 계산 결과 \n");
    printf("둘레 : %.2f mm \n", L);
    printf("면적 : %.2f mm^2 \n", A);
}
```

• 예제 8.6의 프로그램 작성 예 (2) — 전역변수 사용

```
#include <stdio.h>

float L, A;
float a, b;

void calc()                 // 계산부 함수
{
    L = 2 * ( a + b );
    A = a * b;
}
```

```
void indata()              // 입력부 함수
{
    printf("* 직사각형 두 변 a, b 입력 \n");
    printf("a(mm)=?"); scanf("%f",&a);
    printf("b(mm)=?"); scanf("%f",&b);
}

void outdata()             // 출력부 함수
{
    printf("* 계산 결과 \n");
    printf("둘레 : %.2f mm \n", L);
    printf("면적 : %.2f mm^2 \n", A);
}

void main()
{
    indata();              // 데이터 입력 함수 호출
    calc();                // 수식 계산 함수 호출
    outdata();             // 결과 출력 호출
}
```

• **예제 8.6의 프로그램 작성 예(3) — 지역변수 사용**

```
#include <stdio.h>

float calc_per(float a, float b)           // 둘레 계산부 함수
{
    float L;
    L = 2 * ( a + b );
    return L;
}

float calc_area(float a, float b)          // 면적 계산부 함수
{
    float A
    A = a * b;
    return A;
}
```

```
void main()
{
      float L, A;
      float a, b;

      printf("* 직사각형 두 변 a, b 입력 \n");
      printf("a(mm)=?"); scanf("%f",&a);
      printf("b(mm)=?"); scanf("%f",&b);

      L = calc_per(a, b);                       // 수식 계산 함수 호출
      A = calc_area(a, b);

      printf("* 계산 결과 \n");
      printf("둘레 : %.2f mm \n", L);
      printf("면적 : %.2f mm^2 \n", A);
}
```

예제 8.7 5장에서의 sin x 함수값을 급수로 구하라.

```
#include <stdio.h>
#include <conio.h>
#include <math.h>

double SinD( double deg ) {
        int i, j;
        double fac, f;

        deg *=3.141592 / 180.0;     //deg->rad 변환

        f=0;
        for( i=0; i<20; i++ ) {
                fac = 1 ;
                for( j=0; j < 2*i+1; j++ ) {
                        fac *= j+1 ;
                }
                f += pow(-1, i) * pow(x, 2*i+1) / fac ;
        }
```

```
        return f;
}

void main() {
        double R;
        float x;

        printf("각도(deg)?"); scanf("%f", &x);

        R = SinD( x );

        printf("sin 값 = %.4lf \n", R);
}
```

예제 8.8 배열 관련 사용자 정의형 함수 — 최대값, 최소값 구하기

* 배열은 참조에 의한 함수 호출 방식으로 하는 것이 효율적이지만 여기서는 일단 값에 의한 호출로 사용하자. 이때 배열은 전역변수로 두면 된다.

```
#include <stdio.h>
float max, min;
float data[10];

void MinMax()
{
      int i;
      max = min = data[0];
      for( i=0; i<10 ; i++ ) {
            if ( max < data[i] ) max = data[i];
            if ( min > data[i] ) min = data[i];
      }
}

void main()
{
```

```
    int i;
    for( i=0; i<10; i++ ) {
        printf("data[%d]", i);  scanf("%f", &data[i] );
    }

    MinMax();

    printf("최대값 = %.4f \n", max );
    printf("최소값 = %.4f \n", min );
}
```

※ **참고** : 배열관련 처리를 사용자 정의형 함수를 사용할 때는 배열은 전역변수로 두고 사용하자. 지역변수로 사용하고자 한다면 포인터를 공부하고 참조에 의한 함수 호출을 공부해야 한다. 이는 중급 이상 실력에서 활용하자.

연 습 문 제 | 사용자 정의형 함수

01 급수를 이용한 cos x 함수를 사용자 정의형 함수로 만들어라.

02 6.5절의 두 행렬 더하기를 사용자 정의형 함수를 이용하여 프로그래밍 하라.

03 6.5절의 두 행렬 곱하기를 사용자 정의형 함수를 이용하여 프로그래밍 하라.

PART

III 수치해석

제9장

수치해석의 개요

9.1 수치해석의 필요성

컴퓨터의 눈부신 발전에 따라 자연과학 혹은 공학의 모든 분야에서 컴퓨터를 이용한 계산이나 데이터 처리 등이 필수화되고 있다. 그중에서도 유체역학의 분야는 지배방정식의 비선형성 때문에 이론적 접근이 어려워 다른 어떠한 학문 분야보다 수치해석의 필요성이 크다. 또한, 수치해석의 결과로 얻어지는 해의 복잡성 때문에 수치해석 결과에 대한 신뢰성 자체가 문제가 되는 경우가 많다. 따라서 어떠한 공학적 또는 자연과학적 문제를 수치적으로 풀기 위해 직접 코드를 개발하고 해석을 수행하는 일은 간단한 유동장의 경우에서도 상당한 노력과 시간을 요한다.

한편, 산업 현장에서는 고부가가치의 산업에 흔히 대두되는 유체역학적 문제를 해결하기 위해서 보다 간편하고 빠른 시간 내에 답을 얻을 수 있는 도구가 절실히 요청된다. 이러한 필요성에 따라서 최근 각종 상용 소프트웨어가 개발되어 판매되고 있으며 웬만한 기업체라면 적어도 하나식의 패키지를 구입하여 사용하고 있는 실정이다.

그러나 이런 상용 패키지는 가능한 한 사용이 편리하도록 고안되고 있지만, 범용성을 목표로 하여 개발된 것이므로 실제로는 사용하기가 그렇게 쉽지 않다. 처음 프로그램을 구입하고 나서 이를 제대로 활용하기 위해서는 전문 공학자에 대한 교육훈련과 더불어 상당한 기간 동안의 반복학습이 필요하다. 더구나 결과로 얻어지는 해답이 과연 타당한 것인지도 쉽게 판단할 수 없는 경우가 많으므로 궁극적으로 수치해석의 기본을 아는 것이 필요하다.

수치해석의 거시적 의미는 전산유체역학(電算流體力學, computational fluid dynamics : CFD)으로 컴퓨터를 사용하여 유체유동을 가시화(visualization)하거나 원하는 물리량(압력, 힘, 토크, 온도, 농도)을 계산하는 학문이다.

수치해석은 컴퓨터의 급속한 발전에 힘입어 현재 많은 분야에서 적용되고 있으며, 그 적용 범위도 점차 확대되고 있는 추세로서 물리학, 천문학, 기상학 및 해양 등 자연과학 분야, 기계공학, 토목·건축공학, 조선공학, 환경공학, 항공우주공학 등 공학분야, 스포츠, 레저 등 유체유동이 관여하는 대부분의 학문분야에서 적용되고 있다.

특히, 최근 첨단학문으로 분류되는 생명공학, 생의학, MEMS, 나노공학 등에도 필수적으로 적용된다. 이러한 첨단학문의 결과물은 결국 각종 장치나 기계의 형태로 나타나는 경우가 많은데, 이때 이 기계를 설계, 제작할 때는 많은 경우 유체유동의 문제가 가장 핵심이 되고 있기 때문에 수치해석 활용의 부가가치는 매우 높다.

9.2 수치해석의 용도

흔하게 적용되는 예를 대상 물체별로 혹은 분야별로 분류하여 제시하면 아래와 같다.

- **자동차** : 바디 주위의 공기흐름과 항력·양력 계산, 엔진 룸 내부의 공기유동/열전달, 실내 공기흐름과 열전달 특성, 엔진 내부 연소 과정과 기체흐름, 머플러 내 기체흐름, 방열기 내 액체흐름과 전열특성

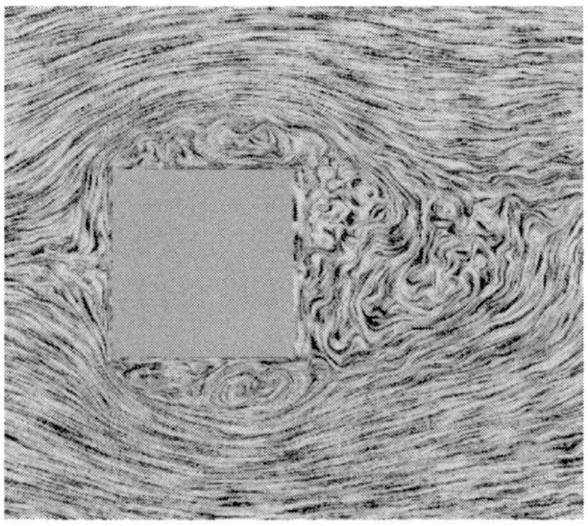

[그림 9.1] 사각형 물체 후류

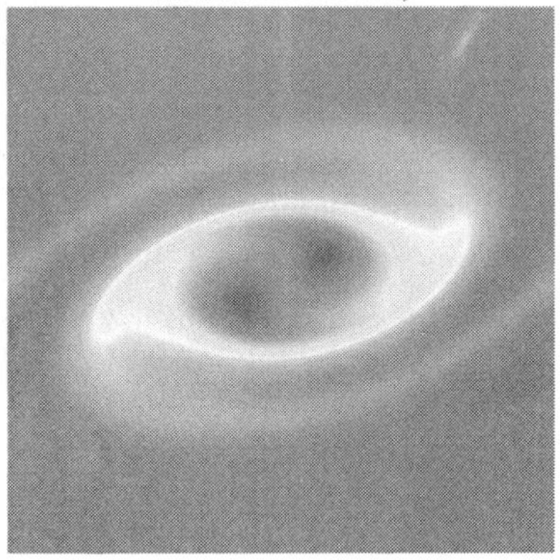

[그림 9.2] 와류의 병합 과정

[그림 9.3] 교반기 유동해석 결과(1)

[그림 9.4] 압력분포의 CFD 결과

[그림 9.5] 둔한 물체 뒤의 Karman 와류 구조

[그림 9.6] 15단 축류압축기

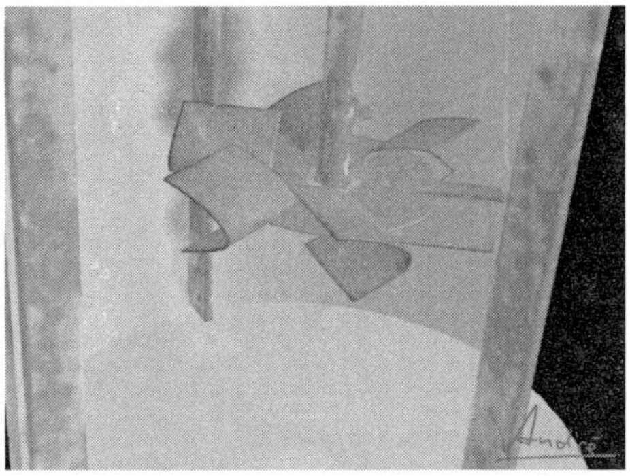

[그림 9.7] 교반기 유동해석 결과(2)

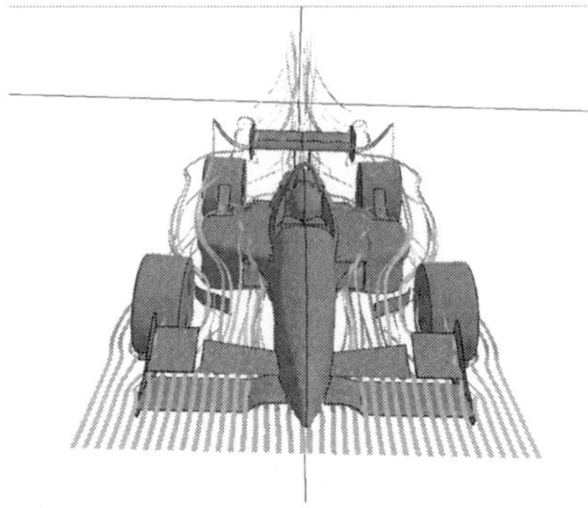

[그림 9.8] 경주용 자동차 주위의 공기흐름

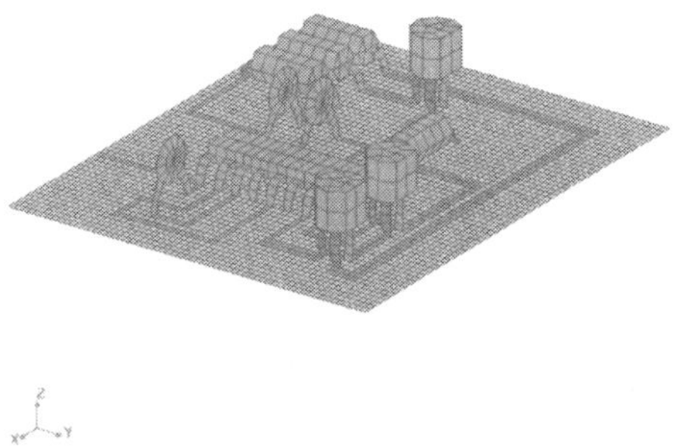

[그림 9.9] 컴퓨터 보드의 방열

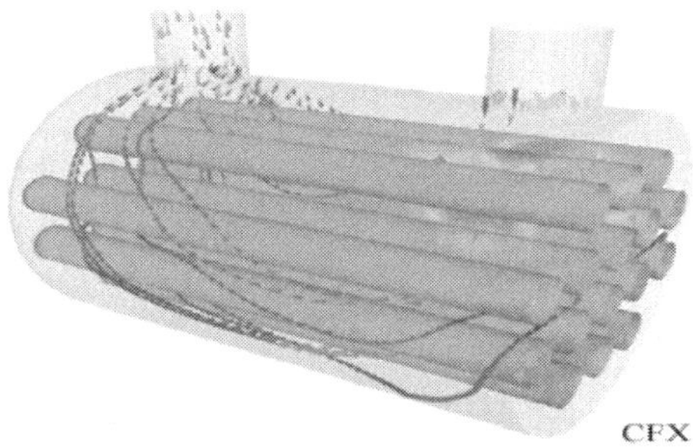

[그림 9.10] Shell-tube 열교환기

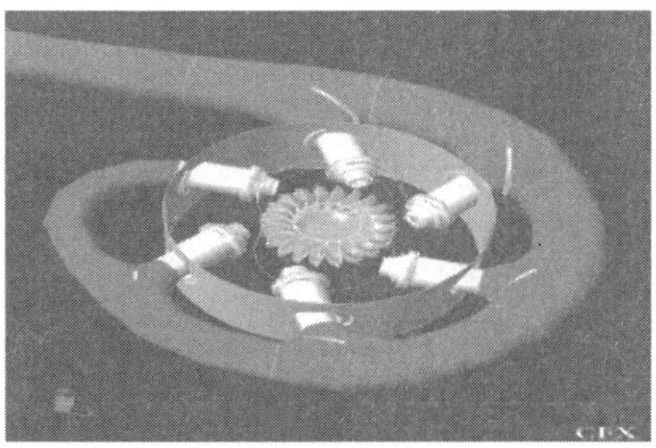

[그림 9.11] 펠톤수차의 모델링

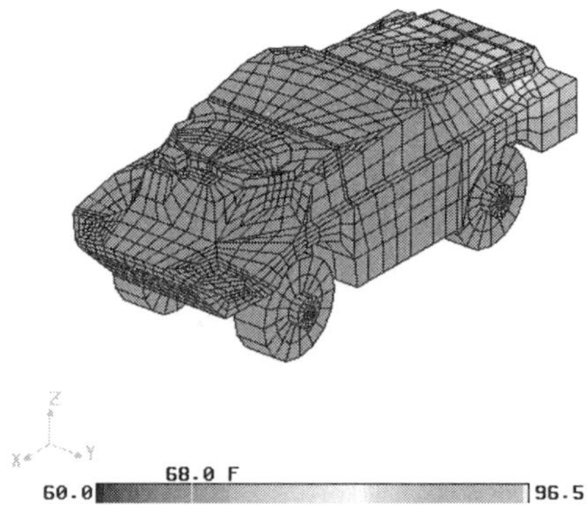

[그림 9.12] 군용차량의 공력특성

- **항공기** : 바디 주위의 공기흐름과 항력·양력 계산, 실내 공조상태, 터보 팬 엔진 내 연소와 기체흐름, 연료저장 탱크 내 액체유동
- **조선** : 파랑에 의한 선체 요동, 프로펠러 주위 유동과 추진력, 선박 내 각종 파이프 시스템 내의 유체유동과 압력강하
- **유체기계** : 펌프, 수차, 압축기, 터빈 내 유체유동과 열전달, 밸브를 통한 유체유동과 밸브 표면의 압력분포
- **소재** : 주조에서 주형 내 용융금속의 흐름과 응고, 플라스틱 사출 시 액체유동과 열전달, 폴리머 공정에서 성형 과정
- **화학공정** : 교반기 내의 유동과 혼합특성
- **스포츠** : 골프 공 주위의 공기유동과 항력·양력 예측, 사이클링 선수의 헬멧 주위 공기유동과 항력, 자전거 바퀴 형상에 따른 항력 저감, 스키 선수의 몸체 주위 공기유동과 항력
- **환경공학** : 각종 하수처리 장치(원심분리기 등)의 내부 유동과 성능예측, 유해기체 혹은 기름의 확산 예측

앞의 [그림 9.1]~[그림 9.12]는 각 분야의 응용과 관련하여 수치해석 결과의 구체적인 예를 보여준다.

9.3 수치해석의 기본 개념

수치해석이란 수학 문제를 산술연산으로 풀 수 있게 공식으로 만들어 놓은 기법으로 수학과 컴퓨터를 결합시킨 것이다. 그래서 수학이론과 컴퓨터 프로그래밍 능력, 그리고 패키지로 문제를 푼 후 이를 해석할 수 있는 능력이 있어야 공학 분야나 사회과학 분야에서 이용할 수 있다.

공학에서 필요한 값은 대개 미분방정식을 풀이하여 얻을 수 있다. 그러나 대부분 그 미분방정식은 해법이 없는 형태가 만들어지고, 엄밀해를 구할 수 없다. 따라서 이 경우 엄밀해와 가까운 근사해를 구할 필요가 있다.

수치해석은 반복 계산을 통하여 근사해를 구하는 방법이라 할 수 있다. 이 장에서는 수치해석 과정에서 필요한 기본 개념을 정리한다.

1 신뢰성

수치해석은 근사해를 구하는 것에 있다. 구해진 근사해는 엄밀해와 가까울수록 좋은 해라 할 수 있다. 즉 수치해석을 통해 구한 근사해가 엄밀해와 가까울수록 좋은 **근사해** 혹은 **신뢰성 있는 값이다**라고 할 수 있다. 따라서 수치해석에서 신뢰성이란 엄밀해와 가까운 근사해를 구한 것을 의미한다.

2 발 산

근사해를 구하기 위해 수치해석을 할 때 반복 계산이 수행된다. 이때 각 반복 계산에서 나오는 해가 어느 값을 향해서 구해지지 못하고 점점 더 차이가 커지는 경우가 있다. 이를 **발산한**다라 한다.

이 경우 구해진 해는 엄밀해와 점점 더 멀어지고 제대로 된 근사해가 구해지지 않는다.

3 수 렴

발산과는 반대의 개념이다. 반복 계산 중 각 해가 어느 값에 근접해 가는 경우 이를 **수렴한**다라 한다. 이 경우 반복 계산을 많이 할수록 임의의 값에 접근하고, 신뢰성 있는 해가 구해진다.

4 수속판정수

수치해석 계산 과정에서 각 반복에 의해 구해진 해가 수렴할 경우 반복 계산을 많이 할수록 엄밀해와 가까운 해가 나온다. 즉 반복 횟수가 많을수록 신뢰성 있는 해가 구해진다. 그러나 그 횟수를 무한히 많이 할 수는 없다. 따라서 적당한 반복 즉 어느 정도 근사해를 신뢰성 있는 해로 할 것인가를 결정해야 하고 그 기준을 마련하는 수치를 **수속판정수**라 한다.

예를 들어 $x^2-4=0$의 방정식에서 2라는 엄밀해를 모를 때 수치해석의 반복 계산을 통해 아래와 같이

1번 반복	x=1
2번 반복	x=1.5
3번 반복	x=1.8
4번 반복	x=1.95
5번 반복	x=1.99
6번 반복	x=1.999

로 구해진다. 즉 해가 수렴하기 때문에 반복 계산이 진행될수록 엄밀해인 2에 점점 접근한 값이 구해진다. 이때 몇 번 반복한 뒤 결과를 신뢰성 있는 근사해로 할 것인가를 결정해야 한다. 이 결정을 위해서 수치해석에서 통상적으로 사용하는 방법이 이전에 구한 값과 새로 구한 값의 비교를 통해서 한다.

반복 횟수	현재값(new)	이전값(old)	new-old
2번 반복	x=1.5	x=1	0.5
3번 반복	x=1.8	x=1.5	0.3
4번 반복	x=1.95	x=1.8	0.15
5번 반복	x=1.99	x=1.95	0.04
6번 반복	x=1.999	x=1.99	0.009

위의 표는 반복 계산에 따른 new값과 old값을 나타내고 있다. 이때 수속판정수를 0.01로 설정한다면 6번 반복 계산을 했을 경우 new-old의 값이 0.009가 되어 0.001보다 적게 된다. 따라서 6번 반복 계산된 결과인 1.999를 근사값으로 선택한다.

이와 같이 반복 계산 수행 중 구해지는 근사해를 선택할 때 기준이 되는 수를 수속판정수라 한다.

5 수속판정

수치해석의 반복 계산에서 수속판정수를 통해 신뢰성 있는 근사해를 선택하는 과정을 **수속판정**이라 한다. 이 경우 앞선 예에서는 new-old를 소속판정수와 비교하였으나 수치해석방법에 따라서 다른 값을 수속판정수와 비교하는 경우도 있다.

6 절점과 격자

수치해석을 통해 근사해를 구할 경우 모든 정의영역에 대한 해를 구할 수는 없다. 예를 들어 x에 대한 y값을 엄밀해(y=2x)를 구했을 경우 x의 값이 0, 0.1, 0.2 이든 관계없이 원하는 x에 대한 y값을 구할 수 있다. 그러나 근사해를 구할 경우 y=2x와 같은 식의 형태로 구하지 못하기 때문에 임의의 x에 대한 y값을 구할 수 없다. 만약 정의영역이 0에서 1이고 x=0.2일 때 y값의 근사해를 구한다면, 정의영역을 분할해서 x=0.2가 포함된 점을 생성한다. 즉, 정의영역 0과 1을 5개로 등분할 하면 아래와 같이 된다.

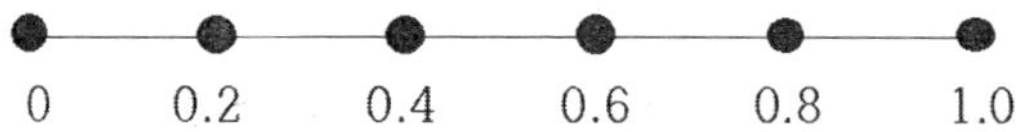

이 경우 수치해석을 통해 x=0, 0.2, 0.4, 0.6, 0.8, 1.0일 때 근사해가 구해진다. 이와 같이 정의영역을 분할하는 작업을 **격자분할** 또는 mesh라 하고, 격자분할을 통해 생성된 각 좌표점을 **절점**이라 한다. 즉, 엄밀해는 방정식의 형태로 구해지므로 정의영역 어느 값이든 다 구할 수 있지만, 근사해는 격자분할을 통해 생성된 절점의 값이 구해진다.

※ 참고문헌

서용권 · 강상모 · 서이수, 전산유체역학, 동아대학교 출판부.

제10장

실제유체의 수치해석

10.1 유체의 분류

유체는 여러 가지 관점에 따라 분류한다. 액체(liquid)와 기체(gas)의 구분은 유체를 개방된 용기에 담을 수 있느냐 없느냐에 따른 분류로서 가장 원천적이고도 경험적인 입장에서의 분류법이다.

그 외 다양한 분류법이 있는데, 이렇게 유체를 분류하는 것이 CFD에서 중요한 이유는 유체의 성격에 따라 방정식의 형태가 달라지기 때문이다. 유체의 형태에 따라서 방정식을 단순화시킬 수 있다면 이는 계산시간의 단축을 기할 수 있기 때문에 이러한 분류법은 수치해석의 관점에서 매우 중요하다.

유체의 분류법을 나열하면 다음과 같다.

1 압축성 여부에 따라

- **비압축성 유체**(incompressible fluid) : 압축이 힘든 유체로서, 물·기름 등 대부분의 액체가 이에 해당한다.
- **압축성 유체**(compressible fluid) : 압축이 쉬운 유체로서 대부분의 기체가 여기에 포함된다.

그러나, 기체라 하더라도 유동장 내의 위치 또는 시간에 따른 압력(또는 밀도) 변화가 작은 경우에는 비압축성 유체로 취급할 수 있다. 동시에 액체라 하더라도 미소한 압축 또는 팽창으로 압력이 크게 변하고 이에 따라 속도가 현저히 달라지는 경우(예로서 수격현상, water hammering)에는 압축성 유체로 취급해야 한다.

한편, 유체 내부의 위치에 따른 온도의 차이가 밀도를 변화시키고 이 밀도의 변화로 인해 유체의 흐름이 발생하는 자연대류의 문제에 있어서는, 밀도 그 자체는 일정한 값으로 가정하고 그 변화는(온도의 함수로 가정하여) 무시하지 않는 경우가 있는데 이것을 **Boussinesq 근사**라 부르며 자연대류의 문제에서 흔히 적용되는 방법이다. 즉, 밀도 그 자체를 일정한 값으로 가정하는 것은 유체를 비압축성으로 취급하는 것이요, 밀도의 변화를 온도의 함수로 고려하는 것은 유체를 압축성으로 가정하는 것이다.

유체를 비압축성으로 취급하는 경우에는, 유동의 미지변수가 속도 성분(3차원에서는 세 가지 성분 u, v, w)과 압력(p)뿐이다. 유체를 압축성으로 가정하는 경우에는, 밀도(ρ), 온도(T) 등을 미지의 변수로 취급하기 때문에 변수의 수가 증가하고 따라서 계산시간도 더 걸린다.

2 유체의 점성에 따라

- **비점성 유체**(inviscid fluid) : 점성을 무시할 수 있는 유체를 말한다.
- **점성 유체**(viscous fluid) : 점성을 고려해야 하는 경우의 유체를 말한다.

모든 유체는 정도의 차이는 있지만 점성을 가진다. 그러나 때로는 점성을 무시하여 계산해도 어느 정도 정확한 답을 얻을 수 있는 경우가 있는데, 이러한 경우의 유체를 **비점성 유체**라 한다. 즉, 비점성 유체는 어디까지나 가상적인 유체이며 실제 존재하는 유체는 아니다.

만약 유체를 비점성으로 취급할 수 있다면 방정식의 형태는 상당히 단순화되어 계산시간도 현격히 단축될 수 있으며, 때로는 이론적인 분석으로도 답을 얻어낼 수가 있다. 그러나, 실제적으로는 대부분의 경우 유체를 점성을 가정하여 문제를 풀어야만 한다.

구체적인 예를 들면, 비행기 날개 주위의 공기 흐름에 있어서 날개의 설계가 완벽하고 날개의 방향과 공기 흐름의 방향이 정확히 일치한다면(아래 그림 중에서 (a)의 경우), 즉 영각(attack angle)이 0이라면, 공기의 점성력이 중요한 힘으로 작용하는 곳은 날개 표면의 매우 얇은 경계층(boundary layer)뿐이다. 따라서 이 경우는 공기를 비점성 유체로 가정하여 문제를 풀 수 있고 계산시간도 많이 줄일 수 있다. 그러나 실제로는 그림의 (b) 및 (c)와 같이 경계층으로부터 박리가 일어나 후류가 급격히 커지면서 항력·양력이 크게 변한다. 양력 및 항력의 큰 변화는 경계층 박리의 위치와 관계되고 경계층 박리는 점성 유체의 경우에만 발생하기 때문에, 결국 이 경우는 유체를 점성 유체로 가정하지 않을 수 없는 것이다.

(a) 완벽한 날개 설계에 공기 흐름의 영각이 0인 경우

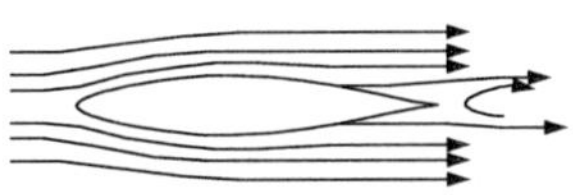

(b) 날개를 너무 뭉툭하게 설계한 경우

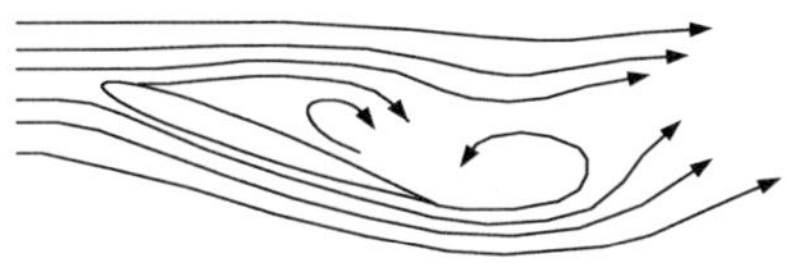

(c) 영각이 큰 경우

[그림 10.1] 비행기 날개 주위의 유체유동을 유선으로 나타낸 개념도

3 유체 성분의 수에 따라

- **단성분 유체**(single-component fluid) : 대상으로 하는 유체가 한 가지 종류의 물질만으로 구성된 것을 말한다. 때로는 **균질유체**(homogeneous fluid)라 부른다. 예로서, 물, 공기 등
- **다성분 유체**(multi-component fluid) : 여러 가지 종류의 물질로 구성된 유체를 말한다. 예로서, 공기와 메탄의 혼합 기체, 공기와 연기 등

서로 다른 성분의 유체가 혼재하는 경우, 일반적으로 이들 성분은 분자 단위로 잘 섞여 있다고 가정한다. 따라서, 압력과 속도는 이들 각각의 성분이 동일한 크기를 가지며 각 성분의 질량 분율(mass fraction)은 위치에 따라서 그리고 시간에 따라

서 변하는 것으로 취급된다. 각 성분의 질량 분율은 예를 들면 화학적 반응 등에 의해 결정된다.

4 점성 – 전단 변형률과의 관계에 따라

- **뉴턴 유체**(Newtonian fluid) : 점성이 전단변형률(shear strain-rate)에 비례하는 유체. 예 물, 공기
- **비뉴턴 유체**(Non-Newtonian fluid) : 점성과 전단변형률이 정비례하지 않는 유체. 예 치약, 꿀, 혈액 등

10.2 유동의 분류

유체유동의 수치해석에 있어서는 유동형태에 따라서 파라미터의 설정방법이 달라지기 때문에 유동의 여러 가지 분류에 대해 기본적인 개념을 이해하는 것이 중요하다.

유동의 여러 가지 분류법은 아래와 같다.

1 정상상태 여부에 따라

- **정상유동**(steady flow) : 유동의 변수(즉 속도, 압력, 밀도, 온도 등)가 시간과 더불어 변하지 않는 유동
- **비정상유동**(unsteady flow) : 이것은 천이유동(transient flow)이라고도 불리는 것으로서, 각종 유동의 변수가 시간과 더불어 변하는 유동을 말한다.

앞에서 언급한 바와 같이 비정상유동의 경우에는 시간의 경과에 따른 변수의 변화가 중요하기 때문에 수치해석 시 시간 간격 Δt를 충분히 작게 잡지 않으면 순간순간의 변수들이 정확한 값이 되지 않고 또한 수치해석한 결과도 물리적으로 일어날 수 없는 유동형태로 얻어질 수 있다.

시간 간격을 작게 잡으면 물론 계산시간이 많이 걸리는 것은 당연하다. 그러나 만약 정상상태의 유동이 관심이라면 수치해석적 안정성이 보장되는 한 시간 간격은 아무리 길게 잡아도 상관없기 때문에 계산시간은 현격히 줄어들 수 있다.

어떠한 유동으로 취급하느냐 하는 것은 수치해석을 통해 얻고자 하는 정보가 무엇이냐에 따라 결정될 것이다. 하나의 예를 들자면, 액체 교반기 내 날개 주위의 흐름을 수치해석한다고 할 때 만약 날개 하나에 작용되는 힘을 알고 싶다면 정상상태로 하여 해석하여도 어느 정도 충분히 정확한 값을 얻을 수가 있다. 그러나, 만약 액체의 혼합이 어느 정도 잘 이루어지는지를 즉 교반기의 교반성능을 알고 싶다면 이 경우는 유체 입자 하나 하나의 세부적인 거동이 중요하므로 다분히 비정상상태로 수치해석해야 할 것이다.

또한 만약 교반기 날개에 작용되는 압력변동이 날개의 진동을 유발하는 것으로 예상되고 이를 수치해석으로 밝혀내고자 한다면 시간변화에 따른 압력변동이 자세히 구해져야 하기 때문에 당연히 비정상유동으로 하여 수치해석해야 한다.

2 차원의 수에 따라

- **2차원 유동**(two-dimensional flow) : 흐름이 두 개의 공간변수(직교 좌표계인 경우에는 x, y)에 의해서 결정되는 경우를 말한다.
- **3차원 유동** : 흐름이 3개의 공간변수에 의해서 결정되는 경우를 말한다.

수치해석 시 2차원 유동을 취급할 수 있다면 이는 또한 계산시간의 현격한 단축을 의미한다. 예로서, 3차원 유동으로 하여 x-, y- 및 z-방향으로 각각 100개씩의 격자를 구성하는 경우는 모두 1,000,000개의 격자망이 형성되지만, 2차원 유동으로 하여 각 방향으로 100개씩의 격자를 구성하는 경우는 10,000개의 격자망이 형성되기 때문에 3차원에 비해 약 100배 이상으로 계산시간을 단축시킬 수 있는 것이다. 만약 어떤 유체유동이 원통 좌표계로 분석하였을 때 원주방향(즉 θ-방향)으로 유동변수의 값들이 변하지 않는 경우는 축대칭 유동(axi-symmetric flow)이라 말하며 이것도 2차원 유동의 일종이다.

3 흐름의 질서에 따라

- **층류**(laminar flow) : 유체가 층상을 유지하면서 곧고 질서있게 흘러가는 경우를 말한다.
- **난류**(turbulent flow) : 쉽게 말해 무질서한 흐름을 말한다.

층류와 난류는 관 내부 유동의 경우 레이놀즈의 실험으로 간단히 구분 지을 수 있다. 즉, 관내 유체 흐름에서 잉크나 연기를 흘렸을 때 이것이 곧게 흘러가는 경우는 층류이고, 이것이 무질서하게 마구 섞이면서 흐르는 경우는 난류이다. 층류와 난류는 보통 레이놀즈 수로써 개략적으로 판단할 수 있다.

만약 레이놀즈 수가 몇 백 정도 이하이면 흐름은 층류라 판단해도 좋다. 만약 레이놀즈 수가 몇 만 정도 이상이면 난류라 생각해도 좋다. 레이놀즈 수가 몇 천이면 이는 쉽게 판단할 수 없으며 실제 흐름에서는 층류와 난류의 중간 성질을 띠는 것이 보통이며 이러한 유동을 **천이유동**(transition flow)이라 부른다. 여기서, 물론 레이놀즈 수는 대표속도×대표길이÷동점성계수로 계산되는데, 이때 대표속도와 대표길이를 달리 선택한다면 레이놀즈 수 자체가 달라지게 된다. 요는, 레이놀즈 수의 계산에 사용되는 대표 물리량은 진정으로 그 유동장을 대표하는 값(최대값 또는 평균값)이 되어야 위와 같은 층류, 난류의 구분예측이 타당하게 된다.

흐름이 난류인 경우는 보통 다양한 크기의 소용돌이(eddy)가 형성된다. 컴퓨터를 이용한 수치해석에서 이러한 소용돌이의 거동을 제대로 표현하기 위해서는 격자의 크기를 충분히 작게 잡아야 한다. 격자의 크기는 다양한 크기의 소용돌이 중에서 가장 작은 크기의 소용돌이를 기준으로 결정하여야 한다.

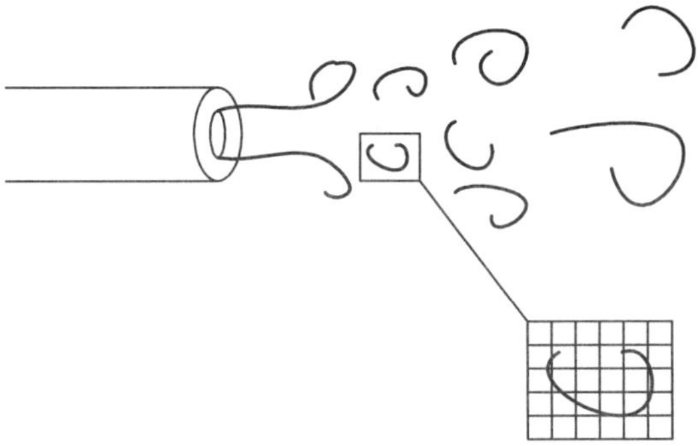

[그림 10.2] 난류제트에 있어서 다양한 크기의 소용돌이와 그에 따른 격자계의 구성

[그림 10.2]는 제트유동의 경우 가장 작은 크기의 소용돌이를 제대로 표현하기 위해서는 그 소용돌이를 둘러싸는 공간을 적어도 5~6개의 격자망으로 구성해야만 하는 것을 스케치로 나타낸 것이다. 이와 같이, 격자의 크기를 충분히 작게 잡아서 모든 소용돌이의 영향을 모두 다 직접 고려하는 수치해법을 **직접수치모사**(DNS : direct numerical simulation)라 부른다. 이러한 직접수치모사는 그러나 막대한 격자의 수를 요구하기 때문에 몇 천 정도의 레이놀즈 수까지만 적용할 수 있으며 그 이상의 레이놀즈 수에서는 현존하는 컴퓨터로서는 불가능하고 앞으로도 당분간은 그러할 것으로 예상된다. 따라서 이 경우 작은 소용돌이의 영향을 통계학적으로 적절히 처리할 수 있다면 격자의 크기를 다소 크게 해도 좋을 것이라는 논리가 대두되었고, 그러한 소규모 소용돌이의 효과를 어떻게 모델링(modelling)하느냐에 대해 다양한 연구가 수행되어 왔다.

이와 같이, 작은 소용돌이의 효과를 모델링하는 것을 **난류 모델링**(turbulence modelling)이라 부르며, 현재까지 매우 다양한 난류 모델들이 개발되어 사용되고 있다. 어떠한 난류 모델링을 사용하느냐에 따라 수치해석 결과는 상당히 달라질 수 있고, 따라서 CFD에서 난류 모델링의 선택은 매우 중요하다. 현존하는 각종 난류 모델에 대한 자세한 설명은 추후 별도로 다루기로 한다.

4 마하 수를 기준으로

- **아음속 유동**(subsonic flow) : 마하 수(Mach number)가 1보다 작은 유동을 말한다.
- **천음속 유동**(transonic flow) : 마하 수가 1 근처인 유동을 말한다.
- **초음속 유동**(supersonic flow) : 마하 수가 1보다 큰 유동을 말한다.
- **극초음속 유동**(hypersonic flow) : 마하 수가 1보다 월등히 큰 유동을 말한다.

마하 수는 유동 속도 대 음속의 비를 말한다. 비압축성 유체유동의 경우는 보통 아음속 유동으로 하여 처리한다. 천음속, 초음속 등의 흐름은 압축성 유체유동에서만 나타난다.

5 기 · 액 · 고의 상(phase)의 수를 기준으로

- **단상유동**(single-phase flow) : 기체, 액체, 고체 중 하나의 상만으로 유체가 구성된 경우임.

- **이상유동**(two-phase flow) : 두 개의 상이 혼재된 경우로서, 물-공기, 물-모래 등이 이에 해당한다.
- **다상유동**(multi-phase flow) : 3개 이상의 상으로 구성된 유체이다. 물-공기-모래가 대표적인 예이다.

물속에 기포가 생겨 떠오르는 경우, 냉동기 내 관 속에 액화된 프레온 가스와 기체 프레온이 공존하는 경우는 기체-액체의 이상유동에 해당한다. 자유표면을 가진 액화천연가스(LNG : liquified natural gas)가 항해하는 LNG 선에 실린 탱크 내에서 요동치는 문제는 LNG와 상부의 공기가 공존하는 이상유동으로 취급하여 수치해석할 수 있다.

다상유동의 원래의 의미는 두 가지 이상의 서로 다른 상(phase)이 공존하는 경우를 의미한다. 그러나 같은 상이라 하더라도 서로 다른 유체가 공존하는 경우도 공학 문제에서 흔히 나타나는데, 물 위에 기름이 떠 있는 액체-액체의 문제가 하나의 좋은 예이다. 이러한 경우도 일반 상업용 CFD 코드들은 다상유동으로 취급하여 문제를 풀 수 있도록 하고 있다.

그러면 이 경우 앞의 다성분 유체와 다른 점이 무엇인지 설명할 필요가 있겠다. 다성분 유체는 성분이 서로 다른 유체가 분자 단위로(즉, 마이크로스케일에서) 혼합되어 있는 경우이며, 다상유동은 그렇지 않고 서로 분리되어 존재하는 것을 말한다. 다르게 표현하자면, 다상유동은 서로 다른 유체 사이에 계면(interface)이 뚜렷이 존재하는 경우를 말한다.

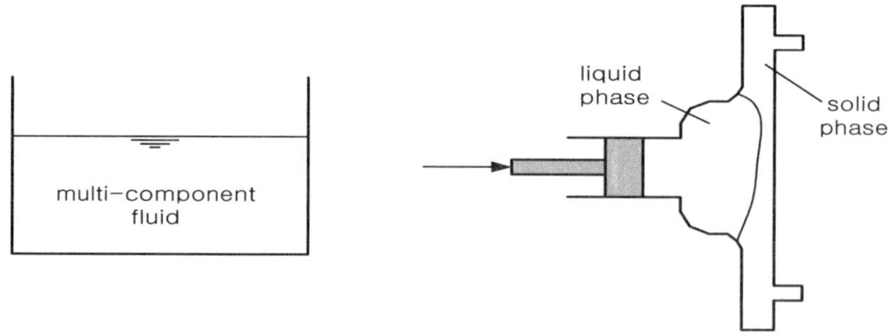

(a) 초기의 다성분 유체 (b) 주형 주입시의 다상유동

[그림 10.3] Rheo-casting **공정에서의 다성분 유체와 다상유동**

한 예를 들면, 최근 마그네슘의 소형재 산업에서는 마그네슘을 액화온도까지 가열하여 고체와 액체가 공존하도록 하여 주조하는 rheo-casting의 주조법을 시도하고 있다.

이 경우 주형(die)에 들어가기 전의 물질은 미세한 크기의 고상 마그네슘이 액상 내에서 약 50%의 비율로 혼합되어 있으므로 다성분 유체로 취급할 수 있다(그림 10.3의 a).

그러다가 이것이 주형 내로 들어가서 압력을 받고 냉각되면 부분적으로 액상이 고상으로 변하는데 이때는 액상과 고상 사이의 경계가 뚜렷이 존재하는 이상유동이 된다(그림 10.3의 b).

즉, rheo-casting의 공정은 다성분 유체의 다상유동에 해당한다고 말할 수 있다.

10.3 격자계 구성

CFD에서 격자 셀의 모양은 다양하게 선택할 수 있다. 그림 10.4는 4가지 대표적인 격자 셀의 기하학적 구조를 나타낸다.

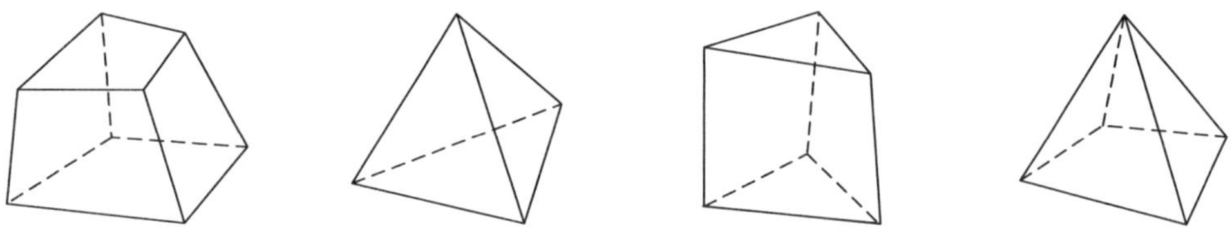

(a) 육면체 (b) 사면체 (c) 프리즘 (d) 피라미드

[그림 10.4] 단위 격자 셀의 다양한 형상

유체유동을 나타내는 변수는 3차원 유동의 경우 속도 벡터의 3가지 성분과 압력, 온도, 밀도 등의 스칼라로 구성된다. 이들 변수를 격자 셀의 어디에서 정의하느냐에 따라 대표적으로 아래와 같이 두 가지 방법으로 나누어진다.

1 집중 격자계

집중 격자계(collocated grid system)는 모든 변수들을 격자 셀의 노드에서 한꺼번에 정의하는 방법이다.

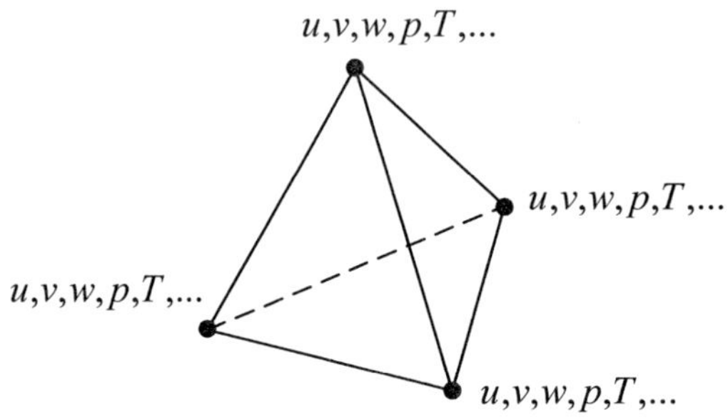

[그림 10.5] 집중 격자계

2 엇갈림형 격자계

엇갈림형 격자계(staggered grid system)는 벡터인 속도는 각 셀의 겉 표면에서 정의하고 압력과 온도 등 스칼라 양은 셀의 체적 중심에서 정의하는 방법이다.

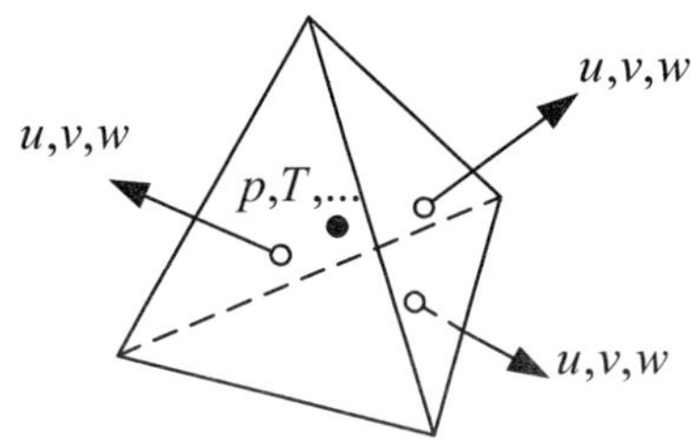

[그림 10.6] 엇갈림형 격자계

집중 격자계로 구한 변수들은 지그-재그 형태로 찌그러지는 경향이 있고, 엇갈림형 격자계는 이를 보완하기 위해 개발된 것이다. 그러나 엇갈림형 격자계는 프로그래밍할 때 다소 까다로운 점이 있기 때문에 최근에 집중 격자계에서 지그-재그 문제를 개선한 기법이 개발되어 사용되고 있다.

10.4 이산화 방법

1 시간미분의 차분화

지배방정식 중의 시간미분 항을 차분화하는 방법에는 여러 가지가 있다. 그중 대표적인 몇 가지를 소개한다면 아래와 같다.

(1) 오일러 양해법

오일러 양해법(Euler explicit method)은 앞의 제2장 및 제3장에서 예를 들어서 설명한 바 있지만, 기준시점인 현재의 변수와 미래의 변수를 가지고 시간미분 항을 차분화하며 공간미분은 현재의 변수로 차분화함으로써 기준시점의 변수를 바로(explicitly) 구할 수 있는 방법이다.

(2) 오일러 음해법

오일러 음해법(Euler implicit method) 역시 제2장, 제3장에서 설명한 바와 같이, 기준시점인 현재의 변수와 과거의 변수로 시간미분 항을 이산화하며, 공간미분은 현재의 변수로 차분화하는 방법이다. 여기서는 미지의 변수들이 상호 얽혀 있기 때문에 행렬식을 풀어야만 하는 번거로움이 있지만 수치적으로 매우 안정한 방법이기 때문에 시간 간격을 크게 해도 수렴된 해를 얻을 수가 있는 장점이 있어 정상상태의 해를 구할 때 유리하다.

(3) 2차 오더의 오일러 음해법

앞의 오일러 음해법은 1차 오더(1st order)의 정밀도를 가지기 때문에 시간 스텝을 크게 하였을 때는 정밀도가 떨어진다. 따라서 이러한 문제점을 해결하기 위해 개발된 것이 2차 오더의 오일러 음해법(2nd-order Euler implicit method)이다. 이 방법에서는 임의의 변수 ϕ의 시간미분 $\partial\phi/\partial t$을 아래와 같이 차분화한다.

$$\frac{\partial \phi}{\partial t} \cong \frac{3\phi - 4\phi^{o} + \phi^{oo}}{2\Delta t}$$

여기서 우변의 ϕ는 현재의 미지변수, ϕ^o는 과거의 기지변수, ϕ^{oo}는 두 시간 스텝 이전 과거시점의 기지변수를 각각 나타낸다. 따라서, 이 방법에서는 두 단계 이전시점의 변수까지 저장해 둘 필요가 있다.

(4) 크랭크-니콜슨 방법

크랭크-니콜슨(Crank-Nicolson) 방법에서는 기준시점을 현재와 과거의 중간시점으로 잡고 시간미분을 중심차분으로 근사화하며 공간미분은 현재시점의 변수와 과거시점의 변수의 평균으로 차분화하는 방법이다. 이 경우 시간에 대해서 2차 오더의 정밀도를 가지면서 u^{oo}와 같은 변수들은 저장할 필요가 없게 된다. 물론 이 방법도 오일러 음해법과 같이 음해법의 일종이기 때문에 안정성이 우수하다.

2 공간미분의 차분화

공간미분을 어떻게 차분화하느냐에 따라서는 아래와 같은 방법이 있다.

(1) 중심차분법

중심차분법(CDS : central difference method)은 공간에 대한 미분 항들을 기준지점의 양쪽에 위치한 변수들로서 차분화하는 방법이다. 예로서, 1차 및 2차 공간미분은 아래와 같이 차분화한다.

$$\frac{\partial \phi}{\partial x} \cong \frac{\phi_{i+1} - \phi_{i-1}}{2\Delta x}$$

$$\frac{\partial^2 \phi}{\partial x^2} \cong \frac{\phi_{i-1} - 2\phi_i + \phi_{i+1}}{\Delta x^2}$$

중심차분은 항상 2차 오더의 정밀도를 가진다.

(2) 풍상차분법

위의 중심차분이 정밀도 면에서 우수하기는 하지만 Navier-Stokes 방정식의 비선형 대류항으로 인하여 때로는 수치해석 과정이 불안정해지는 문제점을 유발한다. 이러한 문제점을 개선하기 위해 개발된 것이 풍상차분법(UDS : upwind difference method)이다.

풍상차분법은 인위적인 점성 항이 추가되기 때문에 안정한 것으로 밝혀져 있으며 따라서 이러한 인위적인 항 때문에 정밀도는 떨어진다고 볼 수 있다. 그러나 최근 보다 정밀하면서도 안정성이 우수한 풍상차분법의 알고리듬이 개발되어 사용되고 있다.

10.5 연속방정식과 운동량방정식의 연계

유동의 지배방정식을 풀 때 어려운 점 중의 하나는 운동량방정식 내에 포함되어 있는 압력은 별도의 연속방정식이 만족되도록 결정되어야 한다는 점이다. 따라서 연속방정식과 운동량방정식은 압력이라는 끈을 통해 상호 밀접한 관계를 갖고 있다고 말할 수 있다. 그래서 수치해석 기법도 이러한 점을 염두에 두고 개발되고 있다. 여기서, 하나의 시간 스텝에서 압력과 속도를 동시에 구하느냐 혹은 압력을 먼저 구하고 이어서 속도를 구하느냐에 따라 두 가지 방법으로 나누어진다.

① segregated method : 연속방정식이 만족되도록 압력을 먼저 구하고 이를 사용하여 속도를 구하는 방법이다.
② coupled method : 압력과 속도를 미지수로 놓고 동시에 푸는 방법이다.

위 두 가지 방법 중에서 알고리듬이 단순하다는 점에서는 전자의 방법이 유리하고 수렴이 빠르고 보다 정확하다는 점에서는 후자의 방법이 좋다.

③ SIMPLE(semi-implicit pressure method for pressure-linked equation) : 이 방법은 전자와 후자의 중간 방법이라 볼 수 있다.

제11장

미적분법

11.1 테일러 미분법

미분은 수학으로 직접 풀 수 있다. 그러나 복잡한 미분방정식을 정확히 계산하는 것은 생각보다 어렵다. 수치해석을 이용하여 미분값을 구하는 방법의 본질은 복잡한 미분방정식을 계산 과정이 더 간편한 계차(difference)방정식으로 전환하여 효과적으로 실제 미분값에 근사시키는 것이다.

함수 $f(x)$에서 $x = x_i$에서 미분값은 그 점을 중심으로 함수의 변화율을 극한으로 아래와 같이 정의된다.

$$f'(x_i) = \lim_{dx \to 0} \frac{f(x_i + dx) - f(x_i)}{dx}$$

여기서, dx가 0에 근접할 때 엄밀해가 된다. 그러나 수학적 미분정의에서의 dx는 수치 계산에서는 표현할 수가 없다. 따라서 수치 계산에서는 정량적으로 표현 가능한 수를 사용하여 미분값을 구하고 그 식은 아래와 같다.

$$f'(x_i) = \frac{f(x_i + \Delta x) - f(x_i)}{\Delta x}$$

위 식에서 Δx는 기준이 되는 x_i에 대한 x변화율을 나타내는 것으로 그 방법에 따라 미분법은 3가지로 분류된다.

미분법에서는 변화율을 이용하고 그 변화율을 위하여 두 점이 필요하다. 그 두 점의 선택에 따라 미분방법은 전향미분법, 후향미분법 및 중앙미분법으로 나뉜다. 또한, 수렴방향은 수학적 정의인 dx를 Δx로 나타내므로 Δx가 작아지게 하여 수속 판정수와 비교한다.

11.2 전향미분법

전향미분법은 x_i와 x_{i+1}점을 이용하여 미분값을 구하는 것이고 계산식은 다음과 같다.

$$f'(x_i) = \frac{f(x_{i+1}) - f(x_i)}{x_{i+1} - x_i}$$

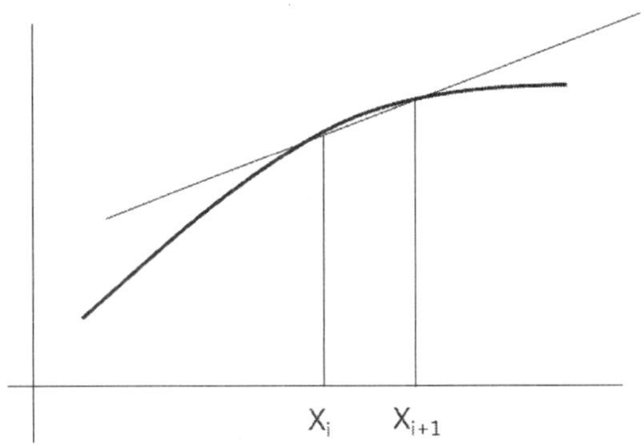

[그림 11.1] 전향미분법

위 식을 이용한 계산 프로그램은 다음과 같다.

■ 전향미분법을 이용한 미분 프로그램 예

```
#include<stdio.h>
#include<math.h>
double f(double);
void main()
{
// 전향미분법으로 f(x)=x*x의 f'(3)을 구하는 프로그램
        double dx,dyold,dynew,com,eps=0.0001,x;
        //기본 설정
        dx=1.0;
        x=3.0;
        dyold=1.0;
pig:;
        //미분값에 대한 반복시작
        dynew=(f(x+dx)-f(x))/dx;
        com=dyold-dynew;
        com=fabs(com);
        if(com>eps)
        {
                dx=dx/2.0;
                dyold=dynew;
                goto pig;
        }
        else
        {
                printf("결과값은 %lf입니다.\n",dynew);
        }
}
double f(double x)
{
        double y;
        y=x*x;
        return(y);
}
```

11.3 후향미분법

후향미분법은 x_i와 x_{i+1}점을 이용하여 미분값을 구하는 것이고 계산식은 아래와 같다.

$$f'(x_i) = \frac{f(x_i) - f(x_{i-1})}{x_i - x_{i-1}}$$

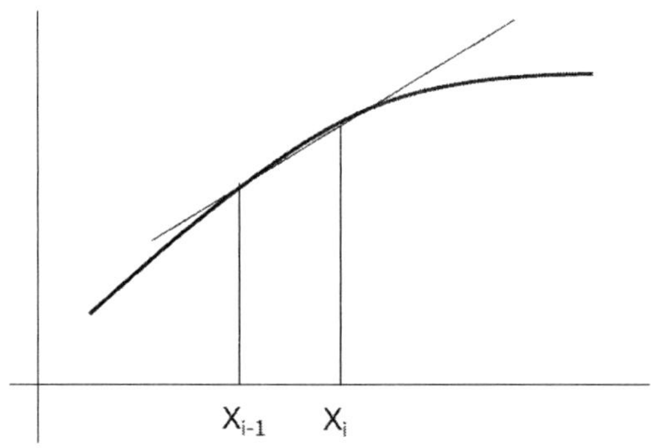

[그림 11.2] 후향미분법

■ 후향미분법을 이용한 미분 프로그램 예

```
#include<stdio.h>
#include<math.h>
double f(double);
void main()
{
// 후향미분법으로 f(x)=x*x의 f'(3)을 구하는 프로그램
        double dx,dyold,dynew,com,eps=0.0001,x;
        //기본 설정
        dx=1.0;
        x=3.0;
        dyold=1.0;
pig:;
```

```
        //미분값에 대한 반복시작
        dynew=(f(x)-f(x-dx))/dx;
        com=dyold-dynew;
        com=fabs(com);
        if(com>eps)
        {
                dx=dx/2.0;
                dyold=dynew;
                goto pig;
        }
        else
        {
                printf("결과값은 %lf입니다.\n",dynew);
        }
}
double f(double x)
{
        double y;
        y=x*x;
        return(y);
}
```

11.4 중앙미분법

중앙미분법은 x_i와 x_{i+1}점을 이용하여 미분값을 구하는 것이고 계산식은 아래와 같다.

$$f'(x_i) = \frac{f(x_{i+1}) - f(x_{i-1})}{x_{i+1} - x_{i-1}}$$

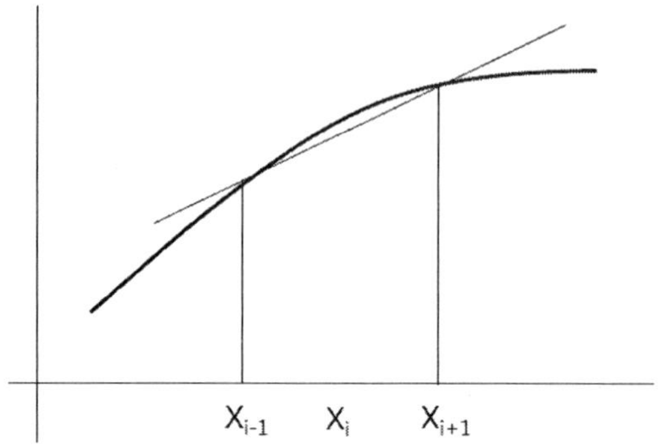

[그림 11.3] 중앙미분법

■ 중앙미분법을 이용한 미분 프로그램 예

```
#include<stdio.h>
#include<math.h>
double f(double);
void main()
{
// 중앙미분법으로 f(x)=x*x의 f'(3)을 구하는 프로그램
        double dx,dyold,dynew,com,eps=0.0001,x;
        //기본 설정
        dx=1.0;
        x=3.0;
        dyold=1.0;
pig:;
        //미분값에 대한 반복시작
        dynew=(f(x+dx)-f(x-dx))/(2.0*dx);
        com=dyold-dynew;
        com=fabs(com);
        if(com>eps)
        {
                dx=dx/2.0;
                dyold=dynew;
                goto pig;
        }
        else
        {
```

```
                printf("결과값은 %lf입니다.\n",dynew);
        }
}
double f(double x)
{
        double y;
        y=x*x;
        return(y);
}
```

11.5 사다리꼴 공식을 이용한 적분법

$\int_a^b f(x)dx$는 그림 11.4와 같이 구간 [a, b]에서 면적을 의미한다.

함수의 부정적분이 일반적으로 명확한 함수의 형태로 나타나지 않은 경우 정확한 적분값을 구하기가 어렵다. 이런 경우 정의영역을 소구간으로 나누고, 그 소구간의 면적을 합하여 근사해로서 구한다.

구간 [a, b]를 균일하게 n개로 격자분할하면 그림 11.5와 같다.

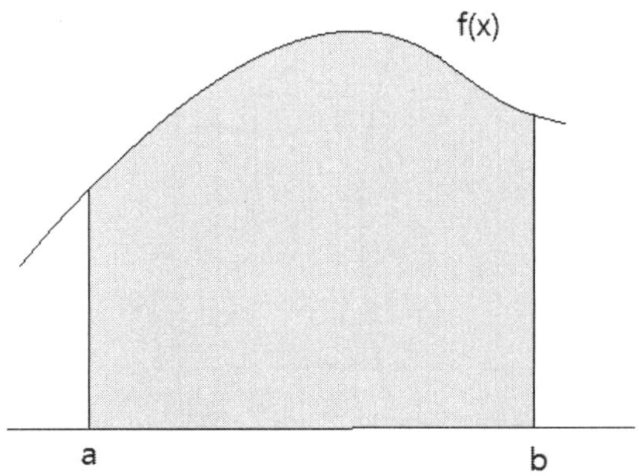

[그림 11.4] 적분

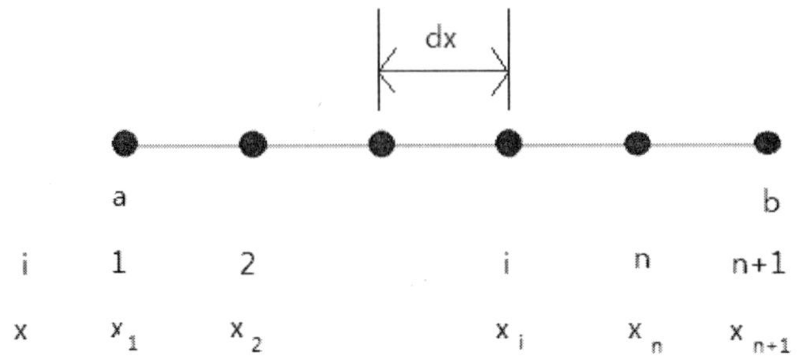

[그림 11.5] 격자분할

여기서 $dx = \frac{b-a}{n}$ 이 되고 절점의 좌표값은 $x_i = (i-1)dx + a$ 이 된다.

그림 11.6에서 보는 바와 같이 전체면적은 sum=S_1 + S_2 + … + S_i + … + S_n 으로 나타난다. 소구간에 대한 일반화된 영역(S_i)을 살펴보면 사다리꼴의 형태가 되어 면적을 구할 수 있다. 즉 계산식은 다음과 같이

$$S_i = \frac{1}{2} \times (f(x_i) + f(x_{i+1})) \times dx$$

이 되고, i가 1부터 n까지 반복하여 누적합산한다. 여기서 빗금친 영역만큼의 오차가 발생한다. 이 오차는 분할수(n)를 많이 나누면 줄어든다. 따라서 이 계산법에서 수렴은 n을 증가함에 따라 수속판정수와 비교하면 된다.

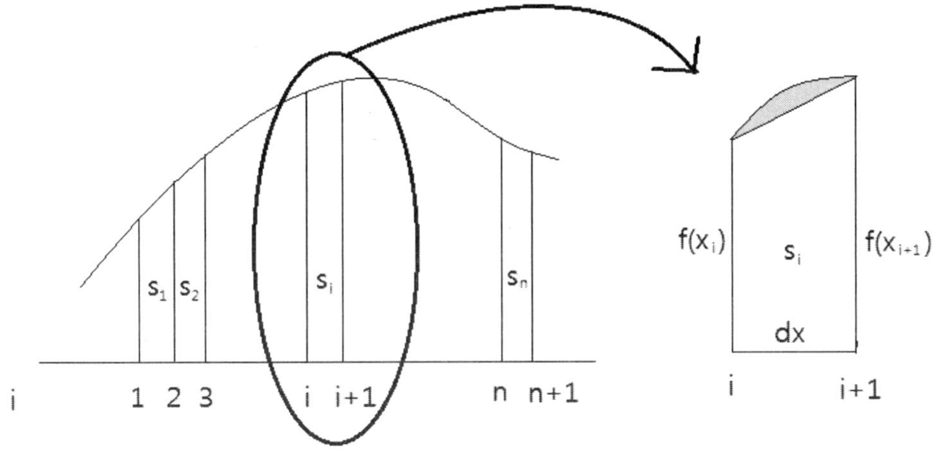

[그림 11.6] 격자분할에 대한 소구간

■ 적분 프로그램 예

```
#include<stdio.h>
#include<math.h>
double f(double);
double sum(double, double);
void main()
{
        double a,b,c;
        //적분값을 구하는 프로그램
        printf("정의영역의 시작값을 입력");
        scanf("%lf",&a);
        printf("정의영역의 종료값을 입력");
        scanf("%lf",&b);
        c=sum(a,b);
        printf("결과값은 %lf입니다.",c);
}
double f(double x)
{
        double y;
        y=x*x;
        return(y);
}
double sum(double x1, double x2)
{
        int n=4,i;
        double x,s,yold=1,ynew,dx,com,eps=0.0001;
pig:
        ynew=0;
        dx=(x2-x1)/n;
        for(i=1;i<=n;i++)
        {
                x=(i-1)*dx+x1;
                s=0.5*(f(x)+f(x+dx))*dx;
                ynew=ynew+s;
        }
        com=ynew-yold;
        com=fabs(com);
        if(com<=eps)
```

```
        {
        }
        else
        {
                yold=ynew;
                n=n*2;
                goto pig;
        }
        return(ynew);
}
```

예제 11.1 아래 프로그램을 완성하라.

```
#include<stdio.h>
#include<math.h>
double f(double);
void main()
{
// 미분법을 선택하여 f(x)=x*x의 f'(3)을 구하는 프로그램
        int k;
        double dx,dyold,dynew,com,eps=0.0001,x;
        //기본 설정
        dx=1.0;
        x=3.0;
        dyold=1.0;
        //전향미분이면 k=1
        //후향미분이면 k=2
        //중앙미분이면 k=3
        scanf("%d",&k);
pig:;
        //미분값에 대한 반복시작
        if(k==1)
        {
                ①
        }
        else
```

```
        {
                if(k==2)
                {
                        ②
                }
                else
                {
                        ③
                }
        }
        com=dyold-dynew;
        com=fabs(com);
        if(com>eps)
        {
                dx=dx/2.0;
                ④
                goto pig;
        }
        else
        {
                printf("결과값은 %lf입니다.\n",dynew);
        }
}
double f(double x)
{
        double y;
        y=x*x;
        return(y);
}
```

예제 11.2 아래 프로그램을 완성하라.

```
#include<stdio.h>
#include<math.h>
double ds(double, double, double);
double f(double);
void main()
```

```
{
        //적분입니다.
        int n,i;
        double a,b,dx,x[10000],pig,①
        printf(" 정의영역의 시작점을 입력하세요.");
        scanf("%lf",&a);
        printf(" 정의영역의 종료점을 입력하세요.");
        scanf("%lf",&b);
        printf(" 분할 수를 입력하세요.");
        scanf("%d",&n);
        dx=②
        for(i=1;i<=③              ;i++)
        {
                x[i]=a+(i-1)*dx;
        }
        for(i=1;i<=n;i++)
        {
                pig=ds(④
                sum=sum+pig;
        }
        printf("결과값은 %lf입니다.\n",sum);
}
double f(double xx)
{
        double y;
        y=xx;
        return(y);
}
double ds(double x1, double x2, double x3)
{
        double y;
        y=(f(x1)+f(x2))*x3/2.0;
        return(y);
}
```

■ 예제 정답

• 예제 11.1

① dynew=(f(x+dx)−f(x))/dx;

② dynew=(f(x)−f(x−dx))/dx;

③ dynew=(f(x+dx)−f(x−dx))/(2.0*dx);

④ dyold=dynew;

• 예제 11.2

① sum=0.0;

② (b−a)/n;

③ n+1

④ x[i],x[i+1],dx);

제12장

방정식의 해법

일반적으로 $f(x)=0$를 만족하는 해를 구할 경우 원식이 2차 방정식일 때는 근의 공식으로 엄밀해를 구할 수 있다. 그러나 $f(x)$의 형태가 2차 방정식 이외의 형태를 가지게 되면 해를 구하기가 곤란하다. 이 장에서는 이런 경우 다양한 방법으로 방정식의 해를 구하는 방법을 알아본다.

12.1 이 분 법

그림 12.1에 나타낸 바와 같이 방정식의 해를 구함에 있어서 두 지점(x1, x2)을 선택하고, 그 지점의 함수값인 f(x1)과 f(x2)가 부호가 다르면 해는 $x1<x<x2$에 존재한다.

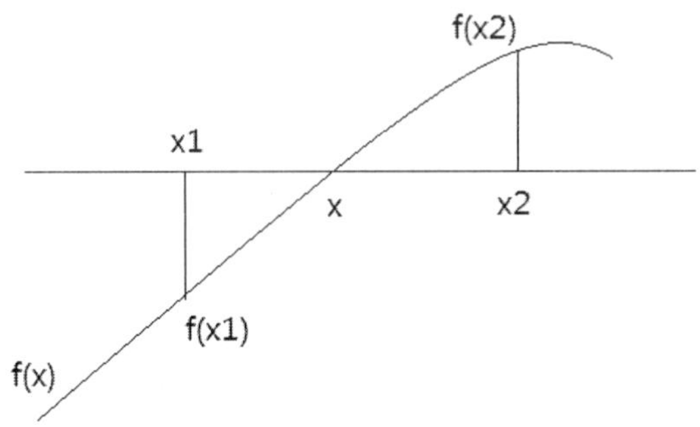

[그림 12.1] 이분법의 개념

이때 새로운 x값을 아래 식과 같이

$$xnew = \frac{x1 + x2}{2}$$

인 평균값으로 구하여 조건에 따라 xnew를 x1 혹은 x2로 나타내고 이를 반복함에 의해 해가 존재하는 영역을 좁혀나간다.

예를 들어 $x^2 - 4 = 0$의 해를 구한다면 임의의 값으로서 x1=0, x2=5로 선택한다. f(x1)=−4이고, f(x2)=21이므로 두 값은 부호가 다르다. 이때 두 값이 부호가 다른 것에 대한 판별은 서로 곱하여 음수가 나오는 것으로 판단할 수 있다. 즉 f(x1)×f(x2)<0이면 f(x1)와 f(x2)값은 서로 다른 부호를 가진다.

이후 새로운 값인 xnew를 구하면 0과 5의 평균인 2.5가 되고 f(xnew)=2.25이다. 이때 f(x1)×f(xnew)<0가 되므로 xnew값은 x2로 나타낸다. 즉 처음에 해는 0<x<5에서 0<x<2.5에 존재하게 된다.

이후 새로운 xnew값은 0과 2.5의 평균인 1.25값이 되고 그 함수값을 비교하여 해의 범위를 좁혀나간다.

프로그램의 순서는 아래와 같이 한다.

- x1과 x2의 설정
- 선택된 x1과 x2 사이에 해가 있는지 확인(f(x1)×f(x2)<0)하고 만약 해가 없다면 프로그램 종료 혹은 다시 선택
- xnew값 구함
- xnew값이 x1인지 x2인지 확인(확인방법은 x1과 x2 중에 한 개를 선택하여 선택한 것이 x1이라면 f(x1)×f(xnew)값을 구하여 그 값이 음수가 되면 xnew는 x2가 되고, 양수가 되면 xnew는 x1이 된다.)

- 수렴판정(방법은 아래 따로 정리함)
- 수렴된 해가 나오면 출력하고 그렇지 않으면 xnew값을 구하여 반복진행

수렴은 우선 수속판정수 ϵ을 0과 가까운 수 예를 들어 0.0001로 설정한 후 수행되며, 수렴방법은 3가지가 있다.

첫 번째는 x1과 x2의 차이가 얼마나 적은가로 할 수 있다. 즉, $|x1-x2|<\epsilon$로 판단한다.

두 번째는 f(x1)과 f(x2)의 차이가 얼마나 적은가로 판단한다. 즉, $|f(x1)-f(x2)| < \epsilon$로 판단한다.

세 번째는 f(x1) 혹은 f(x2)의 각각의 값이 0과 얼마나 가까운가로 판단한다. 즉, $|f(x1)|<\epsilon$ 혹은 $|f(x2)|<\epsilon$으로 판단한다.

위 3가지 수렴방법은 큰 차이가 없으므로 프로그램 작성 시 적당한 것을 선택하면 된다.

■ 이분법 프로그램 예

```
#include<stdio.h>
#include<math.h>
double f(double);
double aaa(double, double);
void main()
{
        int ;
        double x1,x2,a,xnew,com,eps=0.0001;
        //이분법으로   x*x-4=0 을 구하는 프로그램입니다.
pig:
        printf("x1을 입력하세요.");
        scanf("%lf",&x1);
        printf("x2을 입력하세요.");
        scanf("%lf",&x2);
        a=aaa(x1,x2);
        if(a>=0.0)
        {
                printf("정의영역을 다시 설정하세요.\n");
                goto pig;
        }
```

```
        else
        {
        }
dog:
        xnew=(x1+x2)/2.0;
        a=aaa(x1,xnew);
        if(a>=0.0)
        {
                x1=xnew;
        }
        else
        {
                x2=xnew;
        }
        com=f(x1)-f(x2);
        com=fabs(com);
        if(com<=eps)
        {
                printf("결과값은 %lf입니다.\n",x2);
        }
        else
        {
                goto dog;
        }
}
double f(double x)
{
        int ;
        double y;
        y=x*x-4.0;
        return(y);
}
double aaa(double aa, double bb)
{
        int ;
        double yy;
        yy=f(aa)*f(bb);
        return(yy);
}
```

12.2 뉴 턴 법

그림 12.2에 보는 바와 같이 방정식의 해를 구함에 있어서 초기값으로 xold값을 설정하면, P0의 좌표값을 구할 수 있다. 이때 P0점을 지나는 접선을 구하고, 그 접선의 x절편을 근사해로 xnew로 한다. 그 후 xnew에 대한 수렴이 될 때까지 반복하여 근사해를 구한다.

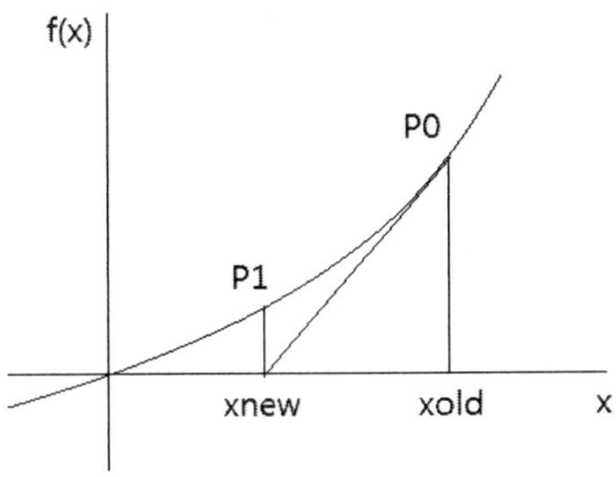

[그림 12.2] 뉴턴 법의 개념도

적용방정식은 아래와 같이 유도된다.

- xold의 선택
- P0좌표값 : (xold, f(xold))
- P0점을 지나는 접선의 방정식

$$y - f(xold) = f'(xold)(x - xold)$$

- xnew : 접선의 x절편이므로 y=0일 때 x값이므로

$$xnew = xold - \frac{f(xold)}{f'(xold)}$$

예를 들어 f(x)=x2−4의 해를 구하면 f'(x)=2x이고, xold=5로 설정했다면

$$xnew = 5 - \frac{5^2 - 4}{2 \times 5} = 2.9$$

이 되고, 수렴판정 후 2.9의 값을 다시 xold값으로 하여 반복하여 xnew값을 구하면

$$xnew = 2.9 - \frac{2.9^2 - 4}{2 \times 2.9} = 2.14$$

이 된다. 이와 같이 반복하면 근사해는 엄밀해인 2에 점차 수렴된다.

여기서 수렴판정은 f(xnew)값이 x좌표축에 얼마나 접근하느냐로서 $|f(xnew)| < \epsilon$을 이용한다.

■ 뉴턴법 프로그램 예

```
#include<stdio.h>
#include<math.h>
double f(double);
double df(double);
void main()
{
// 뉴턴 법으로 x*x-4=0의 해를 구하는 프로그램입니다.
        double xold,xnew,com,eps=0.001;
        printf("초기값을 입력");
        scanf("%lf",&xold);
pig:;
        xnew=xold-f(xold)/df(xold);
        com=f(xnew);
        com=fabs(com);
        if(com>eps)
        {
                xold=xnew;
                goto pig;
        }
        else
        {
                printf("결과값은 %lf입니다.\n",xnew);
        }
}
double f(double x)
{
        double y;
        y=x*x-4.0;
```

```
        return(y);
}
double df(double x)
{
        double dx,yold,ynew,com,eps=0.001;
        dx=1.0;
        yold=0.0;
dog:;
        ynew=(f(x+dx)-f(x))/dx;
        com=fabs(yold-ynew);
        if(com>eps)
        {
                dx=dx/2.0;
                yold=ynew;
                goto dog;
        }
        else
        {
        }
        return(ynew);
}
```

12.3 고정점 반복법

고정점 반복법은 $f(x)=0$의 방정식을 풀기 위해서 아래와 같이 x의 일차식으로 정리한다.

$$x = g(x)$$

이는 아래와 같이 연립방정식으로 나타낼 수 있다.

$$\begin{cases} x = a & (1) \\ g(x) = a & (2) \end{cases}$$

여기서 a는 임의의 상수

우선, xold값을 임의로 선택하면 식(2)에 의해 a=g(xold)가 되고, 구해진 a를 이용하여 식(1)에 의해 xnew=a로서 새로운 값이 구해진다. 이때 만약 임의로 선택된 xold값이 엄밀해라면 식(1)과 식(2)가 동시에 만족해야 하므로 xold=xnew가 된다. 그러나 근사해가 구해지므로 수렴판정으로서 xold와 xnew가 얼마나 같은 값이냐로서 즉, $|xnew - xold| < \epsilon$을 통해서 반복수행한다. 반복수행은 xnew값을 xold로 대체하여 계산한다.

다만, 이 알고리듬은 반복수행 중 xnew값이 점점 발산할 수가 있다. 따라서 원식에서 x의 일차식에 대한 것으로 정리할 때 g(x)를 선택함에 있어서 아래의 수렴 여부를 확인해야 한다.

$$|g'(x)| < 1$$

예를 들어 3x2−x−1=0의 해를 구한다면 아래와 같이

$$x = 3x^2 - 1 \qquad g(x) = 3x^2 - 1$$

$$x = \sqrt{\frac{1}{3}(x+1)} \qquad g(x) = \sqrt{\frac{1}{3}(x+1)}$$

와 같이 2개의 g(x)를 나타낼 수 있고, 이에 프로그램 작성 시 선택하면 된다.

■ 고정점 반복법 프로그램 예

```
#include<stdio.h>
#include<math.h>
double g(double);
double gg(double);
double dg(double);
double dgdg(double);
void main()
{
        //  고정점 반복법입니다.
        //  f(x)=3*x*x-x-1=0
        int k=1;
        double xold,pig,xnew,eps=0.0001;
        printf("초기치를 입력하세요.");
        scanf("%lf",&xold);
pig1:
```

```
        if(k==1)
        {
                pig=fabs(dg(xold));
                if(pig<=1.0)
                {
                        xnew=g(xold);
                }
                else
                {
                        k=2;
                        goto pig1;
                }
        }
        else
        {
                pig=fabs(dgdg(xold));
                if(pig<=1.0)
                {
                        xnew=gg(xold);
                }
                else
                {
                        k=1;
                        goto pig1;
                }
        }
        pig=fabs(xold-xnew);
        if(pig<=eps)
        {
                printf("구한 해는 %lf 입니다.\n",xnew);
        }
        else
        {
                xold=xnew;
                goto pig1;
        }
}
double g(double x)
{
```

```
        double y;
        y=3.0*pow(x,2.0)-1.0;
        return(y);
}
double gg(double x)
{
        double y;
        y=(x+1.0)/3.0;
        y=pow(y,0.5);
        return(y);
}
double dg(double x)
{
        double y;
        y=6.0*x;
        return(y);
}
double dgdg(double x)
{
        double y,dx=0.000001;
        y=(gg(x+dx)-gg(x))/dx;
        return(y);
}
```

예제 12.1 아래 프로그램을 완성하라.

```
#include<stdio.h>
#include<math.h>
double f(double);
double aaa(①                    );
void main()
{
        int ;
        double x1,x2,a,xnew,com,eps=0.0001;
// 이분법으로 x*x-1=0을 구하는 프로그램입니다.
pig:
        printf("x1을 입력하세요.");
```

```
        scanf("%lf",&x1);
        printf("x2을 입력하세요.");
        scanf("%lf",&x2);
        a=aaa(②                    );
        if(a>=0.0)
        {
        printf("정의영역을 다시 설정하세요.\n");
        goto pig;
        }
        else
        {
        }
dog:
        xnew=③
        a=aaa(④                         );
        if(a>=0.0)
        {
                ⑤
        }
        else
        {
                ⑥
        }
        com=f(x1)-f(x2);
        com=fabs(com);
        if(com<=eps)
        {
                printf("결과값은 %lf입니다.\n",x2);
        }
        else
        {
                goto dog;
        }
}
double f(double x)
{
        int ;
        double y;
        y=x*x-1.0;
```

```
        return(y);
}
double aaa(⑦                                        )
{
        int ;
        double yy;
        yy=f(aa)*f(bb);
        return(yy);
}
```

예제 12.2 아래 프로그램을 완성하라.

```
#include<stdio.h>
#include<math.h>
double f(double);
double df(double);
void main()
{
// 뉴턴 법으로 x*x-4=0의 해를 구하는 프로그램입니다.
        double xold,xnew,com,eps=0.001;
        printf("초기값을 입력");
        scanf("%lf",①                    );
pig:;
        xnew=②
        com=f(xnew);
        com=fabs(com);
        if(③                    )
        {
                printf("결과값은 %lf입니다.\n",xnew);
        }
        else
        {
                ④
                goto pig;
        }
}
double f(double x)
```

```
{
        double y;
        y=x*x-4.0;
        return(y);
}
double df(double x)
{
        double dx,yold,ynew,com,eps=0.001;
        dx=1.0;
        yold=0.0;
dog:;
        ynew=(f(x+dx)-f(x))/dx;
        com=fabs(yold-ynew);
        if(⑤                    )
        {
                dx=dx/2.0;
                ⑥
                goto dog;
        }
        else
        {
              ⑦
        }
        return(ynew);
}
```

예제 12.3 아래 프로그램을 완성하라.

```
#include<stdio.h>
#include<math.h>
double g(double);
double gg(double);
double dg(double);
double dgdg(double);
void main()
{
        // 고정점 반복법입니다.
```

```
        //  f(x)=3*x*x-x-1=0
        int k=1;
        double xold,pig,xnew,eps=0.0001;
        printf("초기치를 입력하세요.");
        scanf("%lf",&xold);
pig1:
        if(k==1)
        {
                pig=fabs(dg(xold));
                if(pig<=①                         )
                {
                        xnew=g(xold);
                }
                else
                {
                        ②
                        goto pig1;
                }
        }
        else
        {
                pig=fabs(dgdg(xold));
                if(pig<=③                   )
                {
                        xnew=gg(xold);
                }
                else
                {
                        ④
                        goto pig1;
                }
        }
        pig=fabs(xold-xnew);
        if(pig<=eps)
        {
                printf("구한 해는 %lf 입니다.\n",xnew);
        }
        else
        {
```

```
                ⑤
                goto pig1;
        }
}
double g(double x)
{
        double y;
        y=3.0*pow(x,2.0)-1.0;
        return(y);
}
double gg(double x)
{
        double y;
        y=(x+1.0)/3.0;
        y=pow(y,0.5);
        return(y);
}
double dg(double x)
{
        double y;
        y=6.0*x;
        return(y);
}
double dgdg(double x)
{
        double y,dx=0.000001;
        y=(⑥                         )/dx;
        return(y);
}
```

■ 예제 정답

- 예제 12.1
  - ① double, double
  - ② x1,x2
  - ③ (x1+x2)/2.0;
  - ④ x1,xnew
  - ⑤ x1=xnew;
  - ⑥ x2=xnew;
  - ⑦ double aa, double bb

- 예제 12.2
  - ① &xold
  - ② xold-f(xold)/df(xold);
  - ③ com〈eps
  - ④ xold=xnew;
  - ⑤ com〉eps
  - ⑥ yold=ynew;
  - ⑦ 공란

- 예제 12.3
  - ① 1.0
  - ② k=2;
  - ③ 1.0
  - ④ k=1;
  - ⑤ xold=xnew;
  - ⑥ gg(x+dx)-gg(x)

제13장

선형연립방정식의 해법

일반적으로 공학 문제에서 풀고자 하는 미분방정식에서 엄밀해를 구할 수학적 해법이 없거나 혹은 곤란한 경우 수치해석을 이용하여 근사해를 구하게 되고, 이 경우 대부분 선형연립방정식이 나타난다.

이 장에서는 수치해석에서 선형시스템을 다루는 다양한 방법을 소개한다. 선형연립방정식의 해법은 수치해석의 기초가 된다.

이 장에서는 직접적인 방법 및 반복적인 방법 등을 이용하여 다룰 것이다.

이 장의 이해를 위해서는 앞장의 행렬의 연산에 대한 프로그램의 복습이 필요하다.

13.1 행렬의 구성

미분방정식을 격자분할을 통해 구하고자 하는 근사해의 개수에 따라 선형방정식의 수가 결정되고, 그 방정식을 다루기 위해 행렬의 형태로 나타난다. 예를 들어 아래와 같은 3개의 방정식

$$2x_1 + 3x_2 + 4x_3 = 5$$
$$3x_1 + 4x_2 + 5x_3 = 6$$
$$4x_1 + 5x_2 + 6x_3 = 7$$

이 도출되었다면, 아래와 같이 미지수 3개를 구하기 위해 행렬의 형태로 표현하여, 즉

$$\begin{pmatrix} 2\,3\,4 \\ 3\,4\,5 \\ 4\,5\,6 \end{pmatrix}\begin{pmatrix} x_1 \\ x_2 \\ x_3 \end{pmatrix} = \begin{pmatrix} 5 \\ 6 \\ 7 \end{pmatrix}$$

으로 나타내어 미지수를 구한다.

여기서 위 문제와 같이 미지수가 3개 이하인 경우는 역행렬을 이용한 수학적인 풀이법이 있다. 그러나 수치해석에서 미지수는 수십 혹은 수백만 개이기 때문에 수학적인 방법으로는 접근하여 풀기가 상당히 곤란하다.

일반적으로 위 행렬식을 아래와 같이

$$Ax = b$$

로 나타낸다면, A행렬은 2차 행렬로 글로벌매트릭스(GM)라 하고, x나 b(상수행렬)는 1차 행렬이 된다.

또한, [그림 13.1]에서 GM의 구성을 살펴보면 대각요소와 상삼각요소 및 하삼각요소로 구성된다.

대각요소는 a_{11}, a_{22}, a_{33} 등과 같이 행과 열이 같은 경우이고, 상삼각요소는 a_{12}, a_{23}, a_{35} 등과 같이 행보다 열이 큰 경우이고, 하삼각요소는 a_{21}, a_{32}, a_{53} 등과 같이 행보다 열이 작은 경우이다.

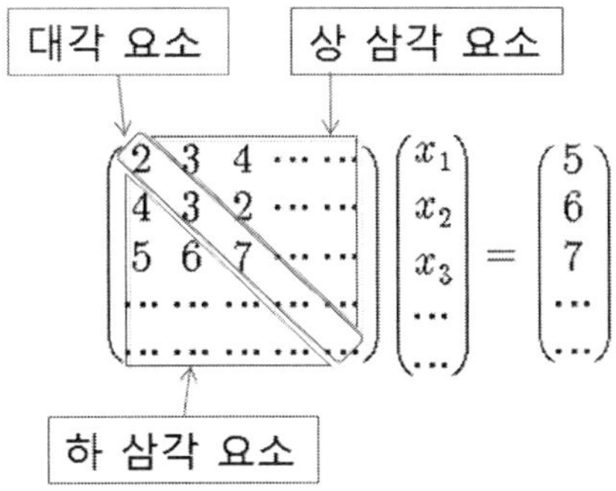

[그림 13.1] GM의 구성

13.2 가우스 소거법

가우스 소거법은 GM행렬을 단위행렬화하여 해를 구하는 것이다. 예를 들어 아래의 식을 푼다면

$$\begin{cases} x+y-z=1 & (1) \\ 2x+y+z=0 & (2) \\ 3x+4y-2z=1 & (3) \end{cases} \qquad \begin{pmatrix} 1 & 1 & -1 \\ 2 & 1 & 1 \\ 3 & 4 & -2 \end{pmatrix}\begin{pmatrix} 1 \\ 0 \\ 1 \end{pmatrix}$$

여기서 식(1)×2－식(2)를 새로운 식(2)로 한다면

$$\begin{cases} x+y-z=1 & (1) \\ 0x+y-3z=2 & (2) \\ 3x+4y-2z=1 & (3) \end{cases} \qquad \begin{pmatrix} 1 & 1 & -1 \\ 0 & 1 & -3 \\ 3 & 4 & -2 \end{pmatrix}\begin{pmatrix} 1 \\ 2 \\ 1 \end{pmatrix}$$

이 되고, 식(1)×3－식(3)을 새로운 식(3)으로 한다면

$$\begin{cases} x+y-z=1 & (1) \\ 0x+y-3z=2 & (2) \\ 0x-y-z=2 & (3) \end{cases} \qquad \begin{pmatrix} 1 & 1 & -1 \\ 0 & 1 & -3 \\ 0 & -1 & -1 \end{pmatrix}\begin{pmatrix} 1 \\ 2 \\ 2 \end{pmatrix}$$

이 되고, 식(2)×(－1)－식(3)을 새로운 식(3)으로 한다면

$$\begin{cases} x+y-z=1 & (1) \\ 0x+y-3z=2 & (2) \\ 0x+0y+4z=-4 & (3) \end{cases} \qquad \begin{pmatrix} 1 & 1 & -1 \\ 0 & 1 & -3 \\ 0 & 0 & 4 \end{pmatrix}\begin{pmatrix} 1 \\ 2 \\ -4 \end{pmatrix}$$

이 되고, 식(3)÷4를 새로운 식(3)으로 한다면

$$\begin{cases} x+y-z=1 & (1) \\ 0x+y-3z=2 & (2) \\ 0x+0y+z=-1 & (3) \end{cases} \qquad \begin{pmatrix} 1 & 1 & -1 \\ 0 & 1 & -3 \\ 0 & 0 & 1 \end{pmatrix}\begin{pmatrix} 1 \\ 2 \\ -1 \end{pmatrix}$$

이 되고, 식(2)−식(3)×(−3)을 새로운 식(2)로 한다면

$$\begin{cases} x+y-z=1 & (1) \\ 0x+y+0z=-1 & (2) \\ 0x+0y+z=-1 & (3) \end{cases} \qquad \begin{pmatrix} 1 & 1 & -1 \\ 0 & 1 & 0 \\ 0 & 0 & 1 \end{pmatrix}\begin{pmatrix} 1 \\ -1 \\ -1 \end{pmatrix}$$

이 되고, 식(1)−식(3)×(−1)을 새로운 식(1)로 한다면

$$\begin{cases} x+y+0z=0 & (1) \\ 0x+y+0z=-1 & (2) \\ 0x+0y+z=-1 & (3) \end{cases} \qquad \begin{pmatrix} 1 & 1 & 0 \\ 0 & 1 & 0 \\ 0 & 0 & 1 \end{pmatrix}\begin{pmatrix} 0 \\ -1 \\ -1 \end{pmatrix}$$

이 되고, 식(1)−식(2)×1을 새로운 식(1)로 한다면

$$\begin{cases} x+0y+0z=1 & (1) \\ 0x+y+0z=-1 & (2) \\ 0x+0y+z=-1 & (3) \end{cases} \qquad \begin{pmatrix} 1 & 0 & 0 \\ 0 & 1 & 0 \\ 0 & 0 & 1 \end{pmatrix}\begin{pmatrix} 1 \\ -1 \\ -1 \end{pmatrix}$$

이 되어 해를 구한다. 이와 같이 GM을 단위행렬화를 수행하고 상수행렬과 변화시킨다. 즉, 행렬식을 정리하면 아래와 같이

$$\begin{pmatrix} 1 & 0 & 0 \\ 0 & 1 & 0 \\ 0 & 0 & 1 \end{pmatrix}\begin{pmatrix} x \\ y \\ z \end{pmatrix} = \begin{pmatrix} 1 \\ -1 \\ -1 \end{pmatrix} \quad \rightarrow \quad \begin{pmatrix} x \\ y \\ z \end{pmatrix} = \begin{pmatrix} 1 \\ -1 \\ -1 \end{pmatrix}$$

으로 해를 구한다.

위의 예제를 보면 알 수 있듯이 가우스 소거법의 계산 순서는 [그림 13.2]와 같이 진행된다.

$$\begin{array}{c} \quad j=1 \;\; 2 \;\; 3 \;\; 4 \;\; 5 \\ \begin{array}{c} i=1 \\ i=2 \\ i=3 \\ i=4 \\ i=5 \end{array} \begin{pmatrix} 1 & 25 & 24 & 23 & 22 \\ 2 & 3 & 21 & 20 & 19 \\ 4 & 5 & 6 & 18 & 17 \\ 7 & 8 & 9 & 10 & 16 \\ 11 & 12 & 13 & 14 & 15 \end{pmatrix} \end{array}$$

[그림 13.2] GM처리 순서

[그림 13.2]에서 보듯이 대각요소와 하삼각요소를 함께 처리하고, 그 후 상삼각요소를 처리한다. 대각요소와 하삼각요소를 처리할 때는 1행부터 마지막 행까지 각 행에 대해 1열부터 대각요소가 있는 열까지 진행하며, 상삼각요소를 처리할 때는 마지막 앞의 행부터 1행까지 각 행에 대해 마지막 열부터 그 행의 상삼각요소가 있는 열까지 거꾸로 진행된다.

■ **GM계산 순서의 프로그램 예**

```
for(i=1;i<=n;i++)
{
        for(j=1;j<=i;j++)
        {
                if(i==j)
                {//대각요소 처리 부분
                }
                else
                {//하삼각요소 처리 부분
                }
        }
}
// 상삼각요소 처리
for(i=n-1;i>=1;i--)
{
        for(j=n;j>=i+1;j--)
        {
        }
}
```

이제 각 요소별 단위행렬화 처리를 위한 일반화된 식을 보면 아래와 같다.

1 대각요소 처리 부분

I=1, j=1일 때 GM은 $\begin{pmatrix} a11 & a12 & a13 & a14 & a15 \\ a21 & a22 & a23 & a24 & a25 \\ a31 & a32 & a33 & a34 & a35 \\ a41 & a42 & a43 & a44 & a45 \\ a51 & a52 & a53 & a54 & a55 \end{pmatrix}$ 이 되고, pig=a11라 두고

a11 ← a11/pig
a12 ← a12/pig
a13 ← a13/pig
a14 ← a14/pig
a15 ← a15/pig

```
for(k=1;k<=n;k++)
{
    a[1][k]=a[1][k]/pig;
}
```

I=4, j=4일 때 GM은 $\begin{pmatrix} 1 & a12 & a13 & a14 & a15 \\ 0 & 1 & a23 & a24 & a25 \\ 0 & 0 & 1 & a34 & a35 \\ 0 & 0 & 0 & a44 & a45 \\ a51 & a52 & a53 & a54 & a55 \end{pmatrix}$이 되고, pig=a44라 두고

a41 ← a41/pig
a42 ← a42/pig
a43 ← a43/pig
a44 ← a44/pig
a45 ← a45/pig

```
for(k=1;k<=n;k++)
{
    a[4][k]=a[4][k]/pig;
}
```

■ **대각요소 처리 부분 프로그램 예**

```
for(i=1;i<=n;i++)
{
        for(j=1;j<=i;j++)
        {
                pig=a[i][j];
                for(k=1;k<=n;k++)
                {
                        a[i][k]=a[i][k]/pig;
                }
                b[i]=b[i]/pig;
        }
}
```

2 하삼각요소 처리 부분

I=2, j=1일 때 GM은 $\begin{pmatrix} 1 & a12 & a13 & a14 & a15 \\ a21 & a22 & a23 & a24 & a25 \\ a31 & a32 & a33 & a34 & a35 \\ a41 & a42 & a43 & a44 & a45 \\ a51 & a52 & a53 & a54 & a55 \end{pmatrix}$이 되고, pig=a21라 두고

a21 ← a11*pig-a21
a22 ← a12*pig-a22
a23←a13*pig-a23
a24 ← a14*pig-a24
a25 ← a15*pig-a25

```
for(k=1;k<=n;k++)
{
a[2][k]=a[1][k]*pig-a[2][k];
}
```

I=4, j=2일 때 GM은 $\begin{pmatrix} 1 & a12 & a13 & a14 & a15 \\ 0 & 1 & a23 & a24 & a25 \\ 0 & 0 & 1 & a34 & a35 \\ 0 & a42 & a43 & a44 & a45 \\ a51 & a52 & a53 & a54 & a55 \end{pmatrix}$이 되고, pig=a42라 두고

a41 ← a21*pig-a41
a42 ← a22*pig-a42
a43 ← a23*pig-a43
a44 ← a24*pig-a44
a45 ← a25*pig-a45

```
for(k=1;k<=n;k++)
{
a[4][k]=a[2][k]*pig-a[4][k];
}
```

■ **하삼각요소 처리 부분 프로그램 예**

```
for(i=1;i<=n;i++)
{
        for(j=1;j<=i;j++)
        {
                pig=a[i][j];
                for(k=1;k<=n;k++)
                {
                        a[i][k]=a[j][k]*pig-a[i][k];
                }
                b[i]=b[j]*pig-b[i];
        }
}
```

3 상삼각요소 처리 부분

I=4, j=5일 때 GM은 $\begin{pmatrix} 1 & a12 & a13 & a14 & a15 \\ 0 & 1 & a23 & a24 & a25 \\ 0 & 0 & 1 & a34 & a35 \\ 0 & 0 & 0 & 1 & a45 \\ 0 & 0 & 0 & 0 & 1 \end{pmatrix}$이 되고, pig=a45라 두고

a41 ← a41-a51*pig
a42 ← a42-a52*pig
a43 ← a43-a53*pig
a44 ← a44-a54*pig
a45 ← a45-a55*pig

```
for(k=1;k<=n;k++)
{
    a[4][k]=a[4][k]-a[5][k]*pig;
}
```

I=2, j=4일 때 GM은 $\begin{pmatrix} 1 & a12 & a13 & a14 & a15 \\ 0 & 1 & a23 & a24 & 0 \\ 0 & 0 & 1 & 0 & 0 \\ 0 & 0 & 0 & 1 & 0 \\ 0 & 0 & 0 & 0 & 1 \end{pmatrix}$이 되고, pig=a24라 두고

a21 ← a21-a41*pig
a22 ← a22-a42*pig
a23 ← a23-a43*pig
a24 ← a24-a44*pig
a25 ← a25-a45*pig

```
for(k=1;k<=n;k++)
{
    a[2][k]=a[2][k]-a[4][k]*pig;
}
```

■ 상삼각요소 처리 부분 프로그램 예

```
for(i=n-1;i>=1;i--)
{
    for(j=n;j>=i+1;j--)
    {
        pig=a[i][j];
        for(k=1;k<=n;k++)
        {
            a[i][k]=a[i][k]-a[j][k]*pig;
        }
        b[i]=b[i]-b[j]*pig;
    }
}
```

이와 같이 GM의 순서 및 각 요소 간 처리를 이용하여 프로그램을 작성하면 아래와 같다.

예제 13.1 가우스소거법 프로그램 예

$$\begin{pmatrix} 4 & -1 & 1 \\ -2 & 3 & 1 \\ 1 & 2 & 4 \end{pmatrix}\begin{pmatrix} x_1 \\ x_2 \\ x_3 \end{pmatrix}=\begin{pmatrix} 4 \\ 2 \\ 7 \end{pmatrix} \text{ 일 때 } \quad \begin{pmatrix} x_1 \\ x_2 \\ x_3 \end{pmatrix}=\begin{pmatrix} 0.998258 \\ 0.997315 \\ 1.002424 \end{pmatrix}$$

```
#include<stdio.h>
#include<math.h>
void main()
{
        int i,j,k,n;
        double a[100][100],b[100],pig;
        //가우스소거법 프로그램.
        printf("행렬의 수를 입력");
        scanf("%d",&n);
        // GM행렬 입력
        for(i=1;i<=n;i++)
        {
                for(j=1;j<=n;j++)
                {
                        printf("%d행 %d열 입력",i,j);
                        scanf("%lf",&a[i][j]);
                }
        }
        // 상수행렬 입력
        for(i=1;i<=n;i++)
        {
                printf("%d행 입력",i);
                scanf("%lf",&b[i]);
        }
        // 대각요소와 하삼각요소 처리
        for(i=1;i<=n;i++)
        {
```

```
		for(j=1;j<=i;j++)
		{
			pig=a[i][j];
			if(i==j)
			{//대각요소 처리 부분
				for(k=1;k<=n;k++)
				{
					a[i][k]=a[i][k]/pig;
				}
				b[i]=b[i]/pig;
			}
			else
			{//하삼각요소 처리 부분
				for(k=1;k<=n;k++)
				{
					a[i][k]=a[j][k]*pig-a[i][k];
				}
				b[i]=b[j]*pig-b[i];
			}
		}
	}
	// 상삼각요소 처리
	for(i=n-1;i>=1;i--)
	{
		for(j=n;j>=i+1;j--)
		{
			pig=a[i][j];
			for(k=1;k<=n;k++)
			{
				a[i][k]=a[i][k]-a[j][k]*pig;
			}
			b[i]=b[i]-b[j]*pig;
		}
	}
	// 단위행렬이 된 GM확인 부분
	printf("GM은 아래와 같이 단위행렬이 됩니다.\n");
	for(i=1;i<=n;i++)
	{
		for(j=1;j<=n;j++)
```

```
                {
                        printf("%lf      ",a[i][j]);
                }
                printf("\n");
        }
        // 해를 출력하는 부분
        printf("구해진 해는 아래와 같습니다.\n");
        for(i=1;i<=n;i++)
        {
                printf("%lf\n",b[i]);
        }
}
```

13.3 LU분해법

풀어야 할 행렬식 Ax=b를 A=LU 즉, L행렬과 U행렬을 곱해서 A(GM)로 되는 L 행렬과 U행렬을 구하면 다음과 같이 행렬식을 풀 수 있다.

원식은 LUx=b가 되고 Ux=z라 두면, Lz=b에서 z를 구하고, Ux=z에서 x를 구할 수 있다.

전체 알고리듬의 단계

① A행렬을 LU로 분해된 L행렬과 U행렬을 구하는 것
② 구해진 L행렬과 b행렬을 이용하여 z를 구하는 것
③ 구해진 U행렬과 z행렬을 이용하여 x를 구하는 것

1 A행렬을 LU로 분해된 L행렬과 U행렬을 구하는 것

우선 L(Lower)행렬과 U(Upper)행렬은 아래와 같이

Lower 행렬 Upper 행렬

$$\begin{pmatrix} 1 & 0 & 0 & 0 \\ L_{21} & 1 & 0 & 0 \\ L_{31} & L_{32} & 1 & 0 \\ L_{41} & L_{42} & L_{43} & 1 \end{pmatrix} \qquad \begin{pmatrix} U_{11} & U_{12} & U_{13} & U_{14} \\ 0 & U_{22} & U_{23} & U_{24} \\ 0 & 0 & U_{33} & U_{34} \\ 0 & 0 & 0 & U_{44} \end{pmatrix}$$

로 정의된다. 즉, L행렬은 대각요소가 1이고 상삼각요소가 0인 행렬이고, U행렬은 하삼각요소가 0인 행렬이다. 여기서 L행렬과 U행렬을 구하는 방법은 두 행렬을 곱해서 A행렬이 되는 행렬의 곱하기식에서 일반화된 식을 찾을 수 있다. 즉, 아래와 같은 행렬식이 된다.

$$\begin{pmatrix} a_{11} & a_{12} & a_{13} & a_{14} \\ a_{21} & a_{22} & a_{23} & a_{24} \\ a_{31} & a_{32} & a_{33} & a_{34} \\ a_{41} & a_{42} & a_{43} & a_{44} \end{pmatrix} = \begin{pmatrix} L_{11} & L_{12} & L_{13} & L_{14} \\ L_{21} & L_{22} & L_{23} & L_{24} \\ L_{31} & L_{32} & L_{33} & L_{34} \\ L_{41} & L_{42} & L_{43} & L_{44} \end{pmatrix} \begin{pmatrix} U_{11} & U_{12} & U_{13} & U_{14} \\ U_{21} & U_{22} & U_{23} & U_{24} \\ U_{31} & U_{32} & U_{33} & U_{34} \\ U_{41} & U_{42} & U_{43} & U_{44} \end{pmatrix}$$

Lower 행렬요소를 구하기 위해 예를 들어 보자.

L_{32}를 구한다고 하면 아래와 같이 a_{32}에 대한 식을 나타낼 수 있고, 여기서 L_{32}를 구할 수 있다.

$$a_{32} = L_{31}U_{12} + L_{32}U_{22} + L_{33}U_{32} + L_{34}U_{42}$$

$$L_{32} = \frac{a_{32} - (L_{31}U_{12} + \qquad + L_{33}U_{32} + L_{34}U_{42})}{U_{22}}$$

L_{43}을 구한다고 하면 아래와 같이 a_{43}에 대한 식을 나타낼 수 있고, 여기서 L_{43}을 구할 수 있다.

$$a_{43} = L_{41}U_{13} + L_{42}U_{23} + L_{43}U_{33} + L_{44}U_{43}$$

$$L_{43} = \frac{a_{43} - (L_{41}U_{13} + L_{42}U_{23} + \qquad + L_{44}U_{43})}{U_{33}}$$

즉, 일반화된 식을 찾으면 L_{ij}를 구하면

$$L_{ij} = \frac{a_{ij} - sum}{U_{jj}} \qquad sum = \sum_{k=1}^{n} L_{ik}U_{kj} \quad (k = j\text{일 때 제외})$$

으로 나타난다.

Upper 행렬요소를 구하기 위해 예를 들어 보자.

U_{23}을 구한다고 하면 아래와 같이 a_{23}에 대한 식을 나타낼 수 있고, 여기서 U_{23}을 구할 수 있다.

$$a_{23} = L_{21}U_{13} + L_{22}U_{23} + L_{23}U_{33} + L_{24}U_{43}$$

$$U_{23} = \frac{a_{23} - (L_{21}U_{13} + \qquad + L_{23}U_{33} + L_{24}U_{43})}{L_{22}}$$

U_{13}을 구한다고 하면 아래와 같이 a_{13}에 대한 식을 나타낼 수 있고, 여기서 U_{13}을 구할 수 있다.

$$a_{13} = L_{11}U_{13} + L_{12}U_{23} + L_{13}U_{33} + L_{14}U_{43}$$

$$U_{13} = \frac{a_{13} - (\qquad + L_{12}U_{23} + L_{13}U_{33} + L_{14}U_{43})}{L_{11}}$$

즉, 일반화된 식을 찾으면 L_{ij}를 구하면

$$U_{ij} = \frac{a_{ij} - sum}{L_{ii}} \qquad sum = \sum_{k=1}^{n} L_{ik}U_{kj} \quad (k = i \text{일 때 제외})$$

으로 나타난다.

여기서 프로그램 작성 시 위에서 보는 바와 같이 U행렬을 구하기 위해서는 L행렬요소가 필요하고, L행렬을 구하기 위해서도 U행렬요소가 필요하다. 따라서 각 행렬요소는 독립적으로 구하지 못하고 한번에 구해야 한다. 즉, 행과 열을 1부터 n까지 진행시키면서 하삼각요소가 될 때는 L행렬요소를 구하고, 상삼각요소가 될 때는 U행렬요소를 구하면 된다.

■ LU행렬 구하는 순서 프로그램 예

```
for(i=1;i<=n;i++)
{
        for(j=1;j<=n;j++)
        {
                if(i>j)
                {
                        //L행렬이 구해지는 부분
```

```
            }
            else
            {
                    //U행렬이 구해지는 부분
            }
        }
}
```

2 Lz=b에서 z 구하기

앞서 구한 L행렬요소와 입력된 상수행렬(b)을 통해 z행렬을 구하는 것은 아래와 같이 구해진다.

$$\begin{pmatrix} 1 & 0 & 0 & 0 \\ L_{21} & 1 & 0 & 0 \\ L_{31} & L_{32} & 1 & 0 \\ L_{41} & L_{42} & L_{43} & 1 \end{pmatrix} \begin{pmatrix} z_1 \\ z_2 \\ z_3 \\ z_4 \end{pmatrix} = \begin{pmatrix} b_1 \\ b_2 \\ b_3 \\ b_4 \end{pmatrix}$$

$$z_1 = b_1 \qquad \Rightarrow z_1 = b_1$$

$$L_{21}z_1 + z_2 = b_2 \qquad \Rightarrow z_2 = b_2 - L_{21}z_1$$

$$L_{31}z_1 + L_{32}z_2 + z_3 = b_3 \qquad \Rightarrow z_3 = b_3 - L_{31}z_1 - L_{32}z_2$$

$$L_{41}z_1 + L_{42}z_2 + L_{43}z_3 + z_4 = b_4 \qquad \Rightarrow z_4 = b_4 - L_{41}z_1 - L_{42}z_2 - L_{43}z_3$$

이를 일반화를 위해서 모든 행렬요소를 나타내어 표현하면

$$\begin{pmatrix} L_{11} & L_{12} & L_{13} & L_{14} \\ L_{21} & L_{22} & L_{23} & L_{24} \\ L_{31} & L_{32} & L_{33} & L_{34} \\ L_{41} & L_{42} & L_{43} & L_{44} \end{pmatrix} \begin{pmatrix} z_1 \\ z_2 \\ z_3 \\ z_4 \end{pmatrix} = \begin{pmatrix} b_1 \\ b_2 \\ b_3 \\ b_4 \end{pmatrix}$$

이 되고, 예를 들어 z_2의 경우 b_2에 대한 식으로부터

$$L_{21}z_1 + L_{22}z_2 + L_{23}z_3 + L_{24}z_4 = b_2 \Rightarrow L_{22}z_2 = b_2 - (L_{21}z_1 + \qquad + L_{23}z_3 + L_{24}z_4)$$

이 되고, 여기서 L22=1이므로

$$z_2 = b_2 - (L_{21}z_1 + \qquad + L_{23}z_3 + L_{24}z_4)$$

이 된다. 또한 z_4의 경우 b_4에 대한 식으로부터

$$L_{41}z_1 + L_{42}z_2 + L_{43}z_3 + L_{44}z_4 = b_4 \Rightarrow L_{44}z_4 = b_4 - (L_{41}z_1 + L_{42}z_2 + L_{43}z_3 + \quad)$$

이 되고 여기서 L44=1이므로

$$z_4 = b_4 - (L_{41}z_1 + L_{42}z_2 + L_{43}z_3 + \quad)$$

이 된다. 즉 여기서 일반식을 나타내면

$$z_i = b_i - sum \qquad sum = \sum_{k=1}^{n} L_{ik}z_k \quad (k = i\text{일 때 제외})$$

이 된다.

■ z행렬 구하는 프로그램 예

```
for(i=1;i<=n;i++)
{
        sum=0.0;
        for(k=1;k<=n;k++)
        {
                if(i==k)
                {
                }
                else
                {
                        sum=sum+l[i][k]*z[k];
                }
        }
        z[i]=(b[i]-sum);
}
```

3 Ux=z에서 x 구하기

앞서 구한 U행렬요소와 z행렬을 통해 x행렬을 구하는 것은 다음과 같이 구해진다.

$$\begin{pmatrix} U_{11} & U_{12} & U_{13} & U_{14} \\ 0 & U_{22} & U_{23} & U_{24} \\ 0 & 0 & U_{33} & U_{34} \\ 0 & 0 & 0 & U_{44} \end{pmatrix} \begin{pmatrix} x_1 \\ x_2 \\ x_3 \\ x_4 \end{pmatrix} = \begin{pmatrix} z_1 \\ z_2 \\ z_3 \\ z_4 \end{pmatrix}$$

$$
\begin{aligned}
U_{11}x_1 + U_{12}x_2 + U_{13}x_3 + U_{14}x_4 &= z_1 \\
U_{22}x_2 + U_{23}x_3 + U_{24}x_4 &= z_2 \\
U_{33}x_3 + U_{34}x_4 &= z_3 \\
U_{44}x_4 &= z_4
\end{aligned}
$$

그러나 이 경우는 1행부터 구할 수가 없고, 역으로 4행부터 구하는 것이 가능하다. 즉, 아래와 같이 구할 수 있다.

$$
\begin{aligned}
U_{44}x_4 &= z_4 \\
U_{33}x_3 + U_{34}x_4 &= z_3 \\
U_{22}x_2 + U_{23}x_3 + U_{24}x_4 &= z_2 \\
U_{11}x_1 + U_{12}x_2 + U_{13}x_3 + U_{14}x_4 &= z_1
\end{aligned}
$$

이를 일반화를 위해서 모든 행렬요소를 나타내어 표현하면

$$
\begin{pmatrix} U_{11} & U_{12} & U_{13} & U_{14} \\ U_{21} & U_{22} & U_{23} & U_{24} \\ U_{31} & U_{32} & U_{33} & U_{34} \\ U_{41} & U_{42} & U_{43} & U_{44} \end{pmatrix} \begin{pmatrix} x_1 \\ x_2 \\ x_3 \\ x_4 \end{pmatrix} = \begin{pmatrix} z_1 \\ z_2 \\ z_3 \\ z_4 \end{pmatrix}
$$

이 되고, 예를 들어 x_2의 경우 z_2에 대한 식으로부터

$$
U_{21}x_1 + U_{22}x_2 + U_{23}x_3 + U_{24}x_4 = z_2 \quad \Rightarrow \; x_2 = \frac{z_2 - (U_{21}x_1 + \qquad + U_{23}x_3 + U_{24}x_4)}{U_{22}}
$$

이 되고, 또한 x_4의 경우 z_4에 대한 식으로부터

$$
U_{41}x_1 + U_{42}x_2 + U_{43}x_3 + U_{44}x_4 = z_4 \quad \Rightarrow \; x_4 = \frac{z_4 - (U_{41}x_1 + U_{42}x_2 + U_{43}x_3 + \qquad)}{U_{44}}
$$

이 된다. 즉 여기서 일반식을 나타내면

$$
x_i = \frac{z_i - sum}{U_{ii}} \qquad sum = \sum_{k=1}^{n} U_{ik}x_k \quad (k = i\text{일 때 제외})
$$

이 된다.

■ x행렬 구하는 프로그램 예

```
for(i=n;i>=1;i--)
{
        sum=0.0;
        for(k=1;k<=n;k++)
        {
                if(k==i)
                {
                }
                else
                {
                        sum=sum+u[i][k]*x[k];
                }
        }
        x[i]=(z[i]-sum)/u[i][i];
}
```

이제 전체 프로그램의 순서는 아래와 같이 작성된다.

- GM행렬 입력
- 상수행렬 입력
- LU행렬의 초기화
- LU행렬을 구하는 부분
- Lz=b에 의해 z를 구하는 부분
- z행렬의 초기화 부분
- z를 구하는 부분
- Ux=z에 의해 x를 구하는 부분
- x행렬의 초기화 부분
- x 구하는 부분

예제 13.2 LU분해법 프로그램 예

$$\begin{pmatrix} 4 & -1 & 1 \\ -2 & 3 & 1 \\ 1 & 2 & 4 \end{pmatrix}\begin{pmatrix} x_1 \\ x_2 \\ x_3 \end{pmatrix}=\begin{pmatrix} 4 \\ 2 \\ 7 \end{pmatrix} \text{ 일 때 } \quad \begin{pmatrix} x_1 \\ x_2 \\ x_3 \end{pmatrix}=\begin{pmatrix} 0.998258 \\ 0.997315 \\ 1.002424 \end{pmatrix}$$

```
#include<stdio.h>
#include<math.h>
void main()
{
	int k,n,i,j;
	double a[200][200],b[200],z[200],x[200],l[200][200],u[200][200],sum;
	printf("행렬의 수를 입력");
	scanf("%d",&n);
	// GM행렬 입력
	for(i=1;i<=n;i++)
	{
		for(j=1;j<=n;j++)
		{
			printf("%d행 %d열 입력",i,j);
			scanf("%lf",&a[i][j]);
		}
	}
	// 상수행렬 입력
	for(i=1;i<=n;i++)
	{
		printf("%d행 입력",i);
		scanf("%lf",&b[i]);
	}
	//여기서 엘유행렬의 초기화
	for(i=1;i<=n;i++)
	{
		for(j=1;j<=n;j++)
		{
			l[i][j]=0.0;
			u[i][j]=0.0;
		}
```

```
            l[i][i]=1.0;
    }
    //엘유행렬 구하는 부분
    for(i=1;i<=n;i++)
    {
            for(j=1;j<=n;j++)
            {
                    if(i>j)
                    {
                            // 엘행렬이 구해지는 부분
                            sum=0.0;
                            for(k=1;k<=n;k++)
                            {
                                    if(k==j)
                                    {
                                    }
                                    else
                                    {
                                            sum=sum+l[i][k]*u[k][j];
                                    }
                            }
                            l[i][j]=(a[i][j]-sum)/u[j][j];
                    }
                    else
                    {
                            // 업행렬이 구해지는 부분
                            sum=0.0;
                            for(k=1;k<=n;k++)
                            {
                                    if(k==i)
                                    {
                                    }
                                    else
                                    {
                                            sum=sum+l[i][k]*u[k][j];
                                    }
                            }
                            u[i][j]=(a[i][j]-sum)/l[i][i];
```

```
                }
        }
}
// Lz=b에 의해 z구하는 부분
// z행렬의 초기화부분
for(i=1;i<=n;i++)
{
        z[i]=0.0;
}
//z구하는 부분
for(i=1;i<=n;i++)
{
        sum=0.0;
        for(k=1;k<=n;k++)
        {
                if(i==k)
                {
                }
                else
                {
                        sum=sum+l[i][k]*z[k];
                }
        }
        z[i]=(b[i]-sum);
}
// Ux=z에 의해x구하는 부분
// x행렬의 초기화부분
for(i=1;i<=n;i++)
{
        x[i]=0.0;
}
//x구하는 부분
for(i=n;i>=1;i--)
{
        sum=0.0;
        for(k=1;k<=n;k++)
        {
                if(k==i)
                {
```

```
                        }
                        else
                        {
                                sum=sum+u[i][k]*x[k];
                        }
                }
                x[i]=(z[i]-sum)/u[i][i];
        }
        printf("결과값은 아래와 같습니다.\n");
        for(i=1;i<=n;i++)
        {
                printf("x%d=%lf\n",i,x[i]);
        }
}
```

13.4 Cholesky 법

대칭행렬은 대각요소를 기준으로 각 요소가 행과 열이 바뀌어도 같은 값이 되는 행렬을 말한다. Cholesky 법은 A행렬이 대칭행렬일 경우 가능하다. 대칭행렬의 판단 여부는 아래와 같은 예와 같다.

■ **대칭행렬 판별 프로그램 예**

```
for(i=1;i<=n;i++)
{
        for(j=1;j<=n;j++)
        {
                if(a[i][j]==a[j][i])
                {
                }
                else
```

```
                {
                        printf("a행렬이 대칭행렬이 아닙니다.");
                        goto end;
                }
        }
}
```

이 알고리듬은 LU분해법에서 L행렬을 이용한다. 또한, LU분해법에서 U행렬 대신에 L행렬의 대칭행렬인 L^t를 이용한다. 즉, 원식이 아래와 같이

$$Ax=b$$

이면, $A=LL^t$로 분해되는 L행렬과 그 대칭행렬인 L^t를 구한다. 그러면 원식은 아래와 같이

$$LL^t x=b$$

이 되고, $L^t x=z$라 두면

$$Lz=b$$

이 되고, 여기서 입력된 상수행렬(b)과 구한 L행렬을 이용하여 z를 구하고

$$L^t x=z$$

에서 최종적인 x를 구한다. 구해진 L행렬을 이용하여 대칭행렬인 LT행렬을 구하는 것은 아래 프로그램을 이용한다.

■ **L행렬을 이용하여 대칭행렬(LT)을 구하는 프로그램 예**

```
for(i=1;i<=n;i++)
{
        for(j=1;j<=n;j++)
        {
                LT[i][j]=L[j][i];
        }
}
```

1 A행렬에서 A=LL^t 로 정의되는 L행렬을 구하는 것

LU분해법과 동일한 정의를 가지는 L행렬이 아래와 같으므로

$$\begin{pmatrix} L_{11} & 0 & 0 & 0 \\ L_{21} & L_{22} & 0 & 0 \\ L_{31} & L_{32} & L_{33} & 0 \\ L_{41} & L_{42} & L_{43} & L_{44} \end{pmatrix}$$

그 대칭행렬인 L^{t}행렬은

$$\begin{pmatrix} L_{11} & L_{21} & L_{31} & L_{41} \\ 0 & L_{22} & L_{32} & L_{42} \\ 0 & 0 & L_{33} & L_{43} \\ 0 & 0 & 0 & L_{44} \end{pmatrix}$$

이 된다. A=LL^{t}를 행렬로 나타내면

$$\begin{pmatrix} a_{11} & a_{12} & a_{13} & a_{14} \\ a_{21} & a_{22} & a_{23} & a_{24} \\ a_{31} & a_{32} & a_{33} & a_{34} \\ a_{41} & a_{42} & a_{43} & a_{44} \end{pmatrix} = \begin{pmatrix} L_{11} & 0 & 0 & 0 \\ L_{21} & L_{22} & 0 & 0 \\ L_{31} & L_{32} & L_{33} & 0 \\ L_{41} & L_{42} & L_{43} & L_{44} \end{pmatrix} \begin{pmatrix} L_{11} & L_{21} & L_{31} & L_{41} \\ 0 & L_{22} & L_{32} & L_{42} \\ 0 & 0 & L_{33} & L_{43} \\ 0 & 0 & 0 & L_{44} \end{pmatrix}$$

이 되고, L행렬요소를 구할 때는 대각요소와 하삼각요소를 구별하여 구해야 하며 아래와 같다.

① L 행렬요소 중 대각요소

L11 : $a_{11} = L_{11}^2$

$$L_{11} = \sqrt{a_{11}}$$

L22 : $a_{22} = L_{21}^2 + L_{22}^2$

$$L_{22} = \sqrt{a_{22} - L_{21}^2}$$

L33 : $a_{33} = L_{31}^2 + L_{32}^2 + L_{33}^2$

$$L_{33} = \sqrt{a_{33} - (L_{31}^2 + L_{32}^2)}$$

L44 : $a_{44} = L_{41}^2 + L_{42}^2 + L_{43}^2 + L_{44}^2$

$$L_{44} = \sqrt{a_{44} - (L_{41}^2 + L_{42}^2 + L_{43}^2)}$$

② L 행렬요소 중 하삼각요소

L21 : $a_{21} = L_{21}L_{11}$

$$L_{21} = \frac{a_{21}}{L_{11}}$$

L31 : $a_{31} = L_{31}L_{11}$

$$L_{31} = \frac{a_{31}}{L_{11}}$$

L32 : $a_{32} = L_{31}L_{21} + L_{32}L_{22}$

$$L_{32} = \frac{a_{32} - L_{31}L_{21}}{L_{22}}$$

L41 : $a_{41} = L_{41}L_{11}$

$$L_{41} = \frac{a_{41}}{L_{11}}$$

L42 : $a_{42} = L_{41}L_{21} + L_{42}L_{22}$

$$L_{42} = \frac{a_{42} - L_{41}L_{21}}{L_{22}}$$

L43 : $a_{43} = L_{41}L_{31} + L_{42}L_{32} + L_{43}L_{33}$

$$L_{43} = \frac{a_{43} - (L_{41}L_{31} + L_{42}L_{32})}{L_{33}}$$

이를 일반화 식을 도출하기 위해 $A = LL^t$를 모든 행렬요소로 표현하면

$$\begin{pmatrix} a_{11} & a_{12} & a_{13} & a_{14} \\ a_{21} & a_{22} & a_{23} & a_{24} \\ a_{31} & a_{32} & a_{33} & a_{34} \\ a_{41} & a_{42} & a_{43} & a_{44} \end{pmatrix} = \begin{pmatrix} L_{11} & L_{12} & L_{13} & L_{14} \\ L_{21} & L_{22} & L_{23} & L_{24} \\ L_{31} & L_{32} & L_{33} & L_{34} \\ L_{41} & L_{42} & L_{43} & L_{44} \end{pmatrix} \begin{pmatrix} L_{11} & L_{21} & L_{31} & L_{41} \\ L_{12} & L_{22} & L_{32} & L_{42} \\ L_{13} & L_{23} & L_{33} & L_{43} \\ L_{14} & L_{24} & L_{34} & L_{44} \end{pmatrix}$$

이 되고, L행렬요소의 대각요소는 아래와 같이

L11 : $a_{11} = L_{11}^2 + L_{12}^2 + L_{13}^2 + L_{14}^2$

$$L_{11} = \sqrt{a_{11} - (\quad + L_{12}^2 + L_{13}^2 + L_{14}^2)}$$

L22 : $a_{22} = L_{21}^2 + L_{22}^2 + L_{23}^2 + L_{24}^2$

$$L_{22} = \sqrt{a_{22} - (L_{21}^2 + \quad + L_{23}^2 + L_{24}^2)}$$

$$\text{L33} : a_{33} = L_{31}^2 + L_{32}^2 + L_{33}^2 + L_{34}^2$$

$$L_{33} = \sqrt{a_{33} - (L_{31}^2 + L_{32}^2 + \quad + L_{34}^2)}$$

$$\text{L44} : a_{44} = L_{41}^2 + L_{42}^2 + L_{43}^2 + L_{44}^2$$

$$L_{44} = \sqrt{a_{44} - (L_{41}^2 + L_{42}^2 + L_{43}^2 + \quad)}$$

이 되고, 따라서 일반화 도출식은 아래와 같이

$$L_{ii} = \sqrt{a_{ii} - sum} \qquad sum = \sum_{k=1}^{n} L_{ik}^2 \quad (\text{단}, i = k\text{일때 제외})$$

이 된다. 또한, L행렬요소 중 하삼각요소는 아래와 같이

$$\text{L21} : a_{21} = L_{21}L_{11} + L_{22}L_{12} + L_{23}L_{13} + L_{24}L_{14}$$

$$L_{21} = \frac{a_{43} - (\quad + L_{22}L_{12} + L_{23}L_{13} + L_{24}L_{14})}{L_{11}}$$

$$\text{L31} : a_{31} = L_{31}L_{11} + L_{32}L_{12} + L_{33}L_{13} + L_{34}L_{14}$$

$$L_{31} = \frac{a_{43} - (\quad + L_{32}L_{12} + L_{33}L_{13} + L_{34}L_{14})}{L_{11}}$$

$$\text{L32} : a_{32} = L_{31}L_{21} + L_{32}L_{22} + L_{33}L_{23} + L_{34}L_{24}$$

$$L_{32} = \frac{a_{43} - (L_{31}L_{21} + \quad + L_{33}L_{23} + L_{34}L_{24})}{L_{22}}$$

$$\text{L41} : a_{41} = L_{41}L_{11} + L_{42}L_{12} + L_{43}L_{13} + L_{44}L_{14}$$

$$L_{41} = \frac{a_{43} - (\quad + L_{42}L_{12} + L_{43}L_{13} + L_{44}L_{14})}{L_{11}}$$

$$\text{L42} : a_{42} = L_{41}L_{21} + L_{42}L_{22} + L_{43}L_{23} + L_{44}L_{24}$$

$$L_{42} = \frac{a_{43} - (L_{41}L_{21} + \quad + L_{43}L_{23} + L_{44}L_{24})}{L_{22}}$$

$$\text{L43} : a_{43} = L_{41}L_{31} + L_{42}L_{32} + L_{43}L_{33} + L_{44}L_{34}$$

$$L_{43} = \frac{a_{43} - (L_{41}L_{31} + L_{42}L_{32} + \quad + L_{44}L_{34})}{L_{33}}$$

이 되고, 따라서 일반화 도출식은 다음과 같이 된다.

$$L_{ij} = \frac{a_{ij} - sum}{L_{jj}} \qquad sum = \sum_{k=1}^{n} L_{ik} L_{jk} \quad (\text{단}, j = k\text{일때 제외})$$

■ L행렬요소를 구하는 프로그램 예

```
for(i=1;i<=n;i++)
{
        for(j=1;j<=i;j++)
        {
                sum=0.0;
                if(i==j)
                {
                        for(k=1;k<=n;k++)
                        {
                                if(i!=k)
                                {
                                        sum=sum+L[i][k]*L[i][k];
                                }
                        }
                        L[i][i]=a[i][i]-sum;
                        L[i][i]=pow(L[i][i],0.5);
                }
                else
                {
                        for(k=1;k<=n;k++)
                        {
                                if(j!=k)
                                {
                                        sum=sum+L[i][k]*L[j][k];
                                }
                        }
                        L[i][j]=(a[i][j]-sum)/L[j][j];
                }
        }
}
```

2 Lz=b에서 z 구하기

원식은 아래와 같다.

$$\begin{pmatrix} L_{11} & 0 & 0 & 0 \\ L_{21} & L_{22} & 0 & 0 \\ L_{31} & L_{32} & L_{33} & 0 \\ L_{41} & L_{42} & L_{43} & L_{44} \end{pmatrix} \begin{pmatrix} z_1 \\ z_2 \\ z_3 \\ z_4 \end{pmatrix} = \begin{pmatrix} b_1 \\ b_2 \\ b_3 \\ b_4 \end{pmatrix}$$

1행부터 적용해 보면 아래와 같다.

$$L_{11}z_1 = b_1 \qquad \Rightarrow \; z_1 = \frac{b_1}{L_{11}}$$

$$L_{21}z_1 + L_{22}z_2 = b_2 \qquad \Rightarrow \; z_2 = \frac{b_2 - L_{21}z_1}{L_{22}}$$

$$L_{31}z_1 + L_{32}z_2 + L_{33}z_3 = b_3 \qquad \Rightarrow \; z_3 = \frac{b_3 - L_{31}z_1 - L_{32}z_2}{L_{33}}$$

$$L_{41}z_1 + L_{42}z_2 + L_{43}z_3 + L_{44}z_4 = b_4 \quad \Rightarrow \; z_4 = \frac{b_4 - L_{41}z_1 - L_{42}z_2 - L_{43}z_3}{L_{44}}$$

즉, 일반화를 위한 L행렬의 모든 요소를 나타내어 원식을 표현하면

$$\begin{pmatrix} L_{11} & L_{12} & L_{13} & L_{14} \\ L_{21} & L_{22} & L_{23} & L_{24} \\ L_{31} & L_{32} & L_{33} & L_{34} \\ L_{41} & L_{42} & L_{43} & L_{44} \end{pmatrix} \begin{pmatrix} z_1 \\ z_2 \\ z_3 \\ z_4 \end{pmatrix} = \begin{pmatrix} b_1 \\ b_2 \\ b_3 \\ b_4 \end{pmatrix}$$

이 되고, 1행부터 적용하면

$$L_{11}z_1 + L_{12}z_2 + L_{13}z_3 + L_{14}z_4 = b_1 \quad \Rightarrow \; z_1 = \frac{b_1 - (\quad + L_{12}z_2 + L_{13}z_3 + L_{14}z_4)}{L_{11}}$$

$$L_{21}z_1 + L_{22}z_2 + L_{23}z_3 + L_{24}z_4 = b_2 \quad \Rightarrow \; z_2 = \frac{b_2 - (L_{21}z_1 + \quad + L_{23}z_3 + L_{24}z_4)}{L_{22}}$$

$$L_{31}z_1 + L_{32}z_2 + L_{33}z_3 + L_{34}z_4 = b_3 \quad \Rightarrow \; z_3 = \frac{b_3 - (L_{31}z_1 + L_{32}z_2 + \quad + L_{34}z_4)}{L_{33}}$$

$$L_{41}z_1 + L_{42}z_2 + L_{43}z_3 + L_{44}z_4 = b_4 \quad \Rightarrow \; z_4 = \frac{b_4 - (L_{41}z_1 + L_{42}z_2 + L_{43}z_3 + \quad)}{L_{44}}$$

이 되고, 따라서 일반화 도출식은 아래와 같이

$$z_i = \frac{b_i - sum}{L_{ii}} \qquad sum = \sum_{k=1}^{n} L_{ik} z_k \quad (\text{단}, i = k\text{일 때 제외})$$

이 된다.

■ Lz=b에서 z 구하는 프로그램 예

```
for(i=1;i<=n;i++)
{
        sum=0.0;
        for(k=1;k<=n;k++)
        {
                if(i!=k)
                {
                        sum=sum+L[i][k]*z[k];
                }
        }
        z[i]=(b[i]-sum)/L[i][i];
}
```

3 L^t x=z에서 x 구하기

원식은 아래와 같다.

$$\begin{pmatrix} LT_{11} & LT_{12} & LT_{13} & LT_{14} \\ 0 & LT_{22} & LT_{23} & LT_{24} \\ 0 & 0 & LT_{33} & LT_{34} \\ 0 & 0 & 0 & LT_{44} \end{pmatrix} \begin{pmatrix} x_1 \\ x_2 \\ x_3 \\ x_4 \end{pmatrix} = \begin{pmatrix} z_1 \\ z_2 \\ z_3 \\ z_4 \end{pmatrix}$$

1행부터 적용해 보면 아래와 같다.

$$LT_{11}x_1 + LT_{12}x_2 + LT_{13}x_3 + LT_{14}x_4 = z_1$$
$$LT_{22}x_2 + LT_{23}x_3 + LT_{24}x_4 = z_2$$
$$LT_{33}x_3 + LT_{34}x_4 = z_3$$

$$LT_{44}x_4 = z_4$$

이 경우는 1행부터 계산하면 x를 구할 수가 없다. 따라서 마지막 행부터 역순으로 1행까지 진행해야 하며, 그 식을 정리하면 아래와 같다.

$$LT_{44}x_4 = z_4 \qquad \Rightarrow \quad x_4 = \frac{z_4}{LT_{44}}$$

$$LT_{33}x_3 + LT_{34}x_4 = z_3 \qquad \Rightarrow \quad x_3 = \frac{z_3 - LT_{34}x_4}{LT_{33}}$$

$$LT_{22}x_2 + LT_{23}x_3 + LT_{24}x_4 = z_2 \qquad \Rightarrow \quad x_2 = \frac{z_2 - LT_{23}x_3 - LT_{24}x_4}{LT_{22}}$$

$$LT_{11}x_1 + LT_{12}x_2 + LT_{13}x_3 + LT_{14}x_4 = z_1$$

$$\Rightarrow \quad x_1 = \frac{z_1 - LT_{12}x_2 - LT_{13}x_3 - LT_{14}x_4}{LT_{11}}$$

즉, 일반화를 위한 L행렬의 모든 요소를 나타내어 원식을 표현하면

$$\begin{pmatrix} LT_{11} & LT_{12} & LT_{13} & LT_{14} \\ LT_{21} & LT_{22} & LT_{23} & LT_{24} \\ LT_{31} & LT_{32} & LT_{33} & LT_{34} \\ LT_{41} & LT_{42} & LT_{43} & LT_{44} \end{pmatrix} \begin{pmatrix} x_1 \\ x_2 \\ x_3 \\ x_4 \end{pmatrix} = \begin{pmatrix} z_1 \\ z_2 \\ z_3 \\ z_4 \end{pmatrix}$$

이 되고, 마지막 행부터 1행까지 역순으로 적용하면

$$LT_{41}x_1 + LT_{42}x_2 + LT_{43}x_3 + LT_{44}x_4 = z_4$$

$$\Rightarrow \quad x_4 = \frac{z_4 - (LT_{41}x_1 + LT_{42}x_2 + LT_{43}x_3 + \quad)}{LT_{44}}$$

$$LT_{31}x_1 + LT_{32}x_2 + LT_{33}x_3 + LT_{34}x_4 = z_3$$

$$\Rightarrow \quad x_3 = \frac{z_3 - (LT_{31}x_1 + LT_{32}x_2 + \quad + LT_{34}x_4)}{LT_{33}}$$

$$LT_{21}x_1 + LT_{22}x_2 + LT_{23}x_3 + LT_{24}x_4 = z_2$$

$$\Rightarrow \quad x_2 = \frac{z_2 - (LT_{21}x_1 + \quad + LT_{23}x_3 + LT_{24}x_4)}{LT_{22}}$$

$$LT_{11}x_1 + LT_{12}x_2 + LT_{13}x_3 + LT_{14}x_4 = z_1$$

$$\Rightarrow \quad x_1 = \frac{z_1 - (\quad + LT_{12}x_2 + LT_{13}x_3 + LT_{14}x_4)}{LT_{11}}$$

이 되고, 따라서 일반화 도출식은 다음과 같이 된다.

$$x_i = \frac{z_i - sum}{LT_{ii}} \qquad sum = \sum_{k=1}^{n} LT_{ik} x_k \quad (\text{단}, i = k\text{일 때 제외})$$

■ L^t x=z에서 x 구하는 프로그램 예

```
for(i=n;i>=1;i--)
{
        sum=0.0;
        for(k=n;k>=1;k--)
        {
                if(i!=k)
                {
                        sum=sum+LT[i][k]*x[k];
                }
        }
        x[i]=(z[i]-sum)/LT[i][i];
}
```

전체 알고리듬의 순서는 아래와 같다.

- a행렬 입력 부분
- b행렬 입력 부분
- a행렬의 대칭행렬 판별 부분
- L행렬의 초기화
- L행렬 구하는 부분
- LT를 구하는 부분
- Lz=b에서 z를 구하는 부분
- L^T x=z에서 x를 구하는 부분

예제 13.3 Cholesky 법 프로그램 예

$$\begin{pmatrix} 4 & -1 & 0 \\ -1 & 4 & -1 \\ 0 & -1 & 4 \end{pmatrix}\begin{pmatrix} x_1 \\ x_2 \\ x_3 \end{pmatrix}=\begin{pmatrix} 3 \\ 2 \\ 3 \end{pmatrix} \text{ 일 때 } \begin{pmatrix} x_1 \\ x_2 \\ x_3 \end{pmatrix}=\begin{pmatrix} 1 \\ 1 \\ 1 \end{pmatrix}$$

```
#include<stdio.h>
#include<math.h>
void main()
{
        int i,n,j,k;
        double    a[100][100],L[100][100],LT[100][100],sum,z[100],x[100],
                  b[100];
        printf("몇 행?");
        scanf("%d",&n);
        //a행렬 입력 부분
        for(i=1;i<=n;i++)
        {
                for(j=1;j<=n;j++)
                {
                        printf("a행렬 %d행 %d렬",i,j);
                        scanf("%lf",&a[i][j]);
                }
        }
        //b행렬 입력 부분
        for(i=1;i<=n;i++)
        {
                printf("b행렬 %d행",i);
                scanf("%lf",&b[i]);
        }
        //a행렬의 대칭행렬 판별 부분
        for(i=1;i<=n;i++)
        {
                for(j=1;j<=n;j++)
                {
                        if(a[i][j]==a[j][i])
                        {
```

```
                }
                else
                {
                        printf("a행렬이 대칭행렬이 아닙니다.");
                        goto dog;
                }
        }
}
//L행렬의 초기화
for(i=1;i<=n;i++)
{
        for(j=1;j<=n;j++)
        {
                L[i][j]=0.0;
        }
}
//L행렬 구하는 부분
for(i=1;i<=n;i++)
{
        for(j=1;j<=i;j++)
        {
                sum=0.0;
                if(i==j)
                {
                        for(k=1;k<=n;k++)
                        {
                                if(i!=k)
                                {
                                        sum=sum+L[i][k]*L[i][k];
                                }
                        }
                        L[i][i]=a[i][i]-sum;
                        L[i][i]=pow(L[i][i],0.5);
                }
                else
                {
                        for(k=1;k<=n;k++)
                        {
                                if(j!=k)
```

```
                                {
                                        sum=sum+L[i][k]*L[j][k];
                                }
                        }
                        L[i][j]=(a[i][j]-sum)/L[j][j];
                }
        }
}
//LT구하는 부분
for(i=1;i<=n;i++)
{
        for(j=1;j<=n;j++)
        {
                LT[i][j]=L[j][i];
        }
}
//Lz=b에서 z구하는 부분
for(i=1;i<=n;i++)
{
        sum=0.0;
        for(k=1;k<=n;k++)
        {
                if(i!=k)
                {
                        sum=sum+L[i][k]*z[k];
                }
        }
        z[i]=(b[i]-sum)/L[i][i];
}
//LT x=z에서 x구하는 부분
for(i=n;i>=1;i--)
{
        sum=0.0;
        for(k=n;k>=1;k--)
        {
                if(i!=k)
                {
                        sum=sum+LT[i][k]*x[k];
                }
```

```
			}
			x[i]=(z[i]-sum)/LT[i][i];
		}
		//결과 출력
		printf("구한 X행렬은 아래와 같습니다.\n");
		for(i=1;i<=n;i++)
		{
			printf("x%d=%lf\n",i,x[i]);
		}
dog:;
}
```

13.5 자코비 법

가우스 소거법이나 LU분해법이 직접법이라면 자코비(Jacobi) 법은 수렴이 될 때까지 반복하여 계산하는 반복법이다. 자코비 법은 고정점 반복법의 행렬확장형이다. 이 알고리듬은 A행렬(GM)이 강대각지배행렬일 때 해가 수렴된다. 따라서 프로그램 시작 단계에서 A행렬(GM)이 강대각지배행렬인지 확인이 필요하다.

> • **강대각지배행렬**
>
> 행렬의 대각 성분의 절대값이 그 행의 대각 성분을 제외한 나머지 성분의 절대값의 합보다 클 때 이 행렬을 강대각지배(diagonally dominant) 행렬이라 한다.

■ **강대각지배행렬 판별 프로그램 예**

```
for(i=1;i<=n;i++)
{
		sum=0.0;
		for(j=1;j<=n;j++)
```

```
        {
                if(i!=j)
                {
                        sum=sum+fabs(a[i][j]);
                }
        }
        if(a[i][i]<sum)
        {
                printf("입력된 a행렬(GM)은 강대각지배행렬이 아닙니다.");
                goto end;
        }
}
```

이 계산법은 A행렬(GM)의 강대각지배행렬 확인 후 아래와 같다.

Ax=b에서 A=N+P로 분해되는 N행렬과 P행렬을 구하면, 원식은 (N+P)x=b이 되고, 이는 Nx+Px=b → Nx=b−Px이 된다. 여기서 N행렬과 P행렬의 x를 각각 xnew와 xold로 나타내면 아래와 같은 식이 된다.

N xnew = b − P xold

이제 계산은 xold에 임의의 초기값을 선택하여 위 식에 의해 xnew를 구하고, xold와 xnew를 비교하여 차이가 클 경우 xnew를 xold값으로 대치하여 반복 계산을 수행한다.

1 N행렬과 P행렬의 구성

N행렬 　　　　　　　　P행렬

$$\begin{pmatrix} N_{11} & 0 & 0 & 0 \\ 0 & N_{22} & 0 & 0 \\ 0 & 0 & N_{33} & 0 \\ 0 & 0 & 0 & N_{44} \end{pmatrix} \qquad \begin{pmatrix} 0 & P_{12} & P_{13} & P_{14} \\ P_{21} & 0 & P_{23} & P_{24} \\ P_{31} & P_{32} & 0 & P_{34} \\ P_{41} & P_{42} & P_{43} & 0 \end{pmatrix}$$

N행렬과 P행렬의 정의는 위에서 보는 바와 같다. 원식에서 N행렬과 P행렬의 식은 A=N+P이므로 N행렬은 대각요소가 A행렬요소이고 나머지요소는 0이 되고, P행렬은 대각요소가 0이고 나머지 요소는 A행렬요소이다.

■ N행렬과 P행렬의 구성 프로그램 예

```
for(i=1;i<=n;i++)
{
        for(j=1;j<=n;j++)
        {
                N[i][j]=0.0;
                P[i][j]=0.0;
        }
}
for(i=1;i<=n;i++)
{
        for(j=1;j<=n;j++)
        {
                if(i==j)
                {
                        N[i]=a[i][j];
                }
                else
                {
                        P[i][j]=a[i][j];
                }
        }
}
```

2 2차 행렬의 예시

아래의 2차 행렬에 대해 예를 들어 보면

$$\begin{pmatrix} 5 & 2 \\ 4 & 10 \end{pmatrix}\begin{pmatrix} x_1 \\ x_2 \end{pmatrix}=\begin{pmatrix} 6 \\ 2 \end{pmatrix}$$

에 대해

$$\begin{pmatrix} 5 & 0 \\ 0 & 10 \end{pmatrix}\begin{pmatrix} x_1 \\ x_2 \end{pmatrix}+\begin{pmatrix} 0 & 2 \\ 4 & 0 \end{pmatrix}\begin{pmatrix} x_1 \\ x_2 \end{pmatrix}=\begin{pmatrix} 6 \\ 2 \end{pmatrix}$$

이 되고,

$$\begin{pmatrix}5 & 0\\0 & 10\end{pmatrix}\begin{pmatrix}x_1\\x_2\end{pmatrix}=\begin{pmatrix}6\\2\end{pmatrix}-\begin{pmatrix}0 & 2\\4 & 0\end{pmatrix}\begin{pmatrix}x_1\\x_2\end{pmatrix}$$

이 된다. 즉, N행렬과 P행렬은 아래와 같이 된다.

N행렬	P행렬
$\begin{pmatrix}5 & 0\\0 & 10\end{pmatrix}$	$\begin{pmatrix}0 & 2\\4 & 0\end{pmatrix}$

N행렬과 P행렬에 대해 xnew(x_n)과 xold(x_o)으로 설정하면 위 식은

$$\begin{pmatrix}5 & 0\\0 & 10\end{pmatrix}\begin{pmatrix}x_{1n}\\x_{2n}\end{pmatrix}=\begin{pmatrix}6\\2\end{pmatrix}-\begin{pmatrix}0 & 2\\4 & 0\end{pmatrix}\begin{pmatrix}x_{1o}\\x_{2o}\end{pmatrix}$$

이 된다. 이제 xold값으로 임의의 값인 0을 입력하여 계산하면 다음과 같다.

- 1차 반복 시

$$\begin{cases}5x_{1n}=6-2x_{2o}\\10x_{2n}=2-4x_{1o}\end{cases}\qquad\begin{cases}5x_{1n}=6-2\times0\\10x_{2n}=2-4\times0\end{cases}\qquad\begin{cases}x_{1n}=1.2\\x_{2n}=0.2\end{cases}$$

이 경우 x_o가 0인 데 비해 x_n이 1.2와 0.2이므로 차이가 크다. 따라서 1.2와 0.2값을 xold(x_o)로 하여 다시 xnew(x_n)을 계산하면 아래와 같다.

- 2차 반복 시

$$\begin{cases}5x_{1n}=6-2x_{2o}\\10x_{2n}=2-4x_{1o}\end{cases}\qquad\begin{cases}5x_{1n}=6-2\times0.2\\10x_{2n}=2-4\times1.2\end{cases}\qquad\begin{cases}x_{1n}=1.12\\x_{2n}=-0.28\end{cases}$$

이 경우 x_o가 1.2와 0.2인 데 비해 x_n이 1.12와 −0.28이므로 다소 차이가 있다. 따라서 1.12와 −0.28값을 xold(x_o)로 하여 다시 xnew(x_n)을 계산하면 아래와 같다.

- 3차 반복 시

$$\begin{cases}5x_{1n}=6-2x_{2o}\\10x_{2n}=2-4x_{1o}\end{cases}\qquad\begin{cases}5x_{1n}=6-2\times-0.28\\10x_{2n}=2-4\times1.12\end{cases}\qquad\begin{cases}x_{1n}=1.312\\x_{2n}=-0.248\end{cases}$$

이 경우 x_o가 1.12와 −0.28인 데 비해 x_n이 1.312와 −0.248이므로 차이가 많이 줄었다. 즉, 자코비 법은 수속판정수를 이용하여 수렴 시까지 반복 계산하여 신뢰성 있는 근사해를 얻는 알고리듬이다.

3 4차 행렬의 일반화

4차 행렬을 통해 일반화된 식을 찾아보면 아래와 같다. 우선 원식에서 행렬식의 정리를 하면

$$Ax=b \qquad \begin{pmatrix} a_{11} & a_{12} & a_{13} & a_{14} \\ a_{21} & a_{22} & a_{23} & a_{24} \\ a_{31} & a_{32} & a_{33} & a_{34} \\ a_{41} & a_{42} & a_{43} & a_{44} \end{pmatrix}\begin{pmatrix} x_1 \\ x_2 \\ x_3 \\ x_4 \end{pmatrix}=\begin{pmatrix} b_1 \\ b_2 \\ b_3 \\ b_4 \end{pmatrix}$$

$$Nx+Px=b \qquad \begin{pmatrix} N_{11} & 0 & 0 & 0 \\ 0 & N_{22} & 0 & 0 \\ 0 & 0 & N_{33} & 0 \\ 0 & 0 & 0 & N_{44} \end{pmatrix}\begin{pmatrix} x_1 \\ x_2 \\ x_3 \\ x_4 \end{pmatrix}+\begin{pmatrix} 0 & P_{12} & P_{13} & P_{14} \\ P_{21} & 0 & P_{23} & P_{24} \\ P_{31} & P_{32} & 0 & P_{34} \\ P_{41} & P_{42} & P_{43} & 0 \end{pmatrix}\begin{pmatrix} x_1 \\ x_2 \\ x_3 \\ x_4 \end{pmatrix}=\begin{pmatrix} b_1 \\ b_2 \\ b_3 \\ b_4 \end{pmatrix}$$

$$Nx=b-Px \qquad \begin{pmatrix} N_{11} & 0 & 0 & 0 \\ 0 & N_{22} & 0 & 0 \\ 0 & 0 & N_{33} & 0 \\ 0 & 0 & 0 & N_{44} \end{pmatrix}\begin{pmatrix} x_1 \\ x_2 \\ x_3 \\ x_4 \end{pmatrix}=\begin{pmatrix} b_1 \\ b_2 \\ b_3 \\ b_4 \end{pmatrix}-\begin{pmatrix} 0 & P_{12} & P_{13} & P_{14} \\ P_{21} & 0 & P_{23} & P_{24} \\ P_{31} & P_{32} & 0 & P_{34} \\ P_{41} & P_{42} & P_{43} & 0 \end{pmatrix}\begin{pmatrix} x_1 \\ x_2 \\ x_3 \\ x_4 \end{pmatrix}$$

가 된다. N행렬과 P행렬에 대한 xnew(x_n)과 xold(x_o)의 설정을 하면

$$Nx=b-Px \qquad \begin{pmatrix} N_{11} & 0 & 0 & 0 \\ 0 & N_{22} & 0 & 0 \\ 0 & 0 & N_{33} & 0 \\ 0 & 0 & 0 & N_{44} \end{pmatrix}\begin{pmatrix} x_{1n} \\ x_{2n} \\ x_{3n} \\ x_{4n} \end{pmatrix}=\begin{pmatrix} b_1 \\ b_2 \\ b_3 \\ b_4 \end{pmatrix}-\begin{pmatrix} P_{11} & P_{12} & P_{13} & P_{14} \\ P_{21} & P_{22} & P_{23} & P_{24} \\ P_{31} & P_{32} & P_{33} & P_{34} \\ P_{41} & P_{42} & P_{43} & P_{44} \end{pmatrix}\begin{pmatrix} x_{1o} \\ x_{2o} \\ x_{3o} \\ x_{4o} \end{pmatrix}$$

이 된다.

이제 xnew를 구하는 일반식을 나타내 보면 아래와 같다.

- 1행을 기준으로 정리

$$N_{11}x_{1n} = b_1 - (P_{11}x_{1o} + P_{12}x_{2o} + P_{13}x_{3o} + P_{14}x_{4o})$$

$$\rightarrow\ x_{1n} = \frac{b_1 - (P_{11}x_{1o} + P_{12}x_{2o} + P_{13}x_{3o} + P_{14}x_{4o})}{N_{11}}$$

- 2행을 기준으로 정리

$$N_{22}x_{2n} = b_2 - (P_{21}x_{1o} + P_{22}x_{2o} + P_{23}x_{3o} + P_{24}x_{4o})$$

$$\rightarrow\ x_{2n} = \frac{b_2 - (P_{21}x_{1o} + P_{22}x_{2o} + P_{23}x_{3o} + P_{24}x_{4o})}{N_{22}}$$

• 3행을 기준으로 정리

$$N_{33}x_{3n} = b_3 - (P_{31}x_{1o} + P_{32}x_{2o} + P_{33}x_{3o} + P_{34}x_{4o})$$

$$\rightarrow x_{3n} = \frac{b_3 - (P_{31}x_{1o} + P_{32}x_{2o} + P_{33}x_{3o} + P_{34}x_{4o})}{N_{33}}$$

• 4행을 기준으로 정리

$$N_{44}x_{4n} = b_4 - (P_{41}x_{1o} + P_{42}x_{2o} + P_{43}x_{3o} + P_{44}x_{4o})$$

$$\rightarrow x_{4n} = \frac{b_4 - (P_{41}x_{1o} + P_{42}x_{2o} + P_{43}x_{3o} + P_{44}x_{4o})}{N_{44}}$$

즉 여기서 일반식을 나타내면

$$x_{in} = \frac{b_i - sum}{N_{ii}} \qquad sum = \sum_{k=1}^{n} P_{ik}x_{ko}$$

이 된다.

■ **xnew값을 구하는 프로그램 예**

```
for(i=1;i<=n;i++)
{
        sum=0.0;
        for(k=1;k<=n;k++)
        {
                sum=sum+P[i][k]*xold[k];
        }
        xnew[i]=(b[i]-sum)/N[i][i];
}
```

전체 알고리듬의 순서는 아래와 같다.

- a행렬 입력 부분
- b행렬 입력 부분
- a행렬 강대각지배행렬 여부 확인
- N P행렬의 초기화

- N P행렬의 구성
- xold에 임의의 값 입력
- xnew구하는 부분
- 수렴판정 부분

예제 13.4 자코비 법 프로그램 예

$$\begin{pmatrix} 4 & -1 & 1 \\ -2 & 3 & 1 \\ 1 & 2 & 4 \end{pmatrix}\begin{pmatrix} x_1 \\ x_2 \\ x_3 \end{pmatrix} = \begin{pmatrix} 4 \\ 2 \\ 7 \end{pmatrix} \text{ 일 때 } \quad \begin{pmatrix} x_1 \\ x_2 \\ x_3 \end{pmatrix} = \begin{pmatrix} 0.998258 \\ 0.997315 \\ 1.002424 \end{pmatrix}$$

```
#include<stdio.h>
#include<math.h>
void main()
{
        int n,i,j,k;
        double a[10][10],b[10],xold[10],xnew[10],sum,com,eps=0.001,
          P[10][10],N[10][10];
        printf("몇 행?");
        scanf("%d",&n);
        //a행렬 입력 부분
        for(i=1;i<=n;i++)
        {
                for(j=1;j<=n;j++)
                {
                        printf("a행렬의 %d행 %d열을 입력...",i,j);
                        scanf("%lf",&a[i][j]);
                }
        }
        //b행렬 입력 부분
        for(i=1;i<=n;i++)
        {
                printf("b행렬의 %d행 입력...",i);
                scanf("%lf",&b[i]);
        }
        //a행렬 강대각지배행렬 여부 확인
```

```
	for(i=1;i<=n;i++)
	{
		sum=0.0;
		for(j=1;j<=n;j++)
		{
			if(i!=j)
			{
				sum=sum+fabs(a[i][j]);
			}
		}
		if(fabs(a[i][i])<sum)
		{
			printf("입력된  a행렬(GM)은  강대각지배행렬이  아닙니
다.");
			goto dog;
		}
	}
	//N P행렬의 초기화
	for(i=1;i<=n;i++)
	{
		for(j=1;j<=n;j++)
		{
			N[i][j]=0.0;
			P[i][j]=0.0;
		}
	}
	//N P행렬의 구성
	for(i=1;i<=n;i++)
	{
		for(j=1;j<=n;j++)
		{
			if(i==j)
			{
				N[i][j]=a[i][j];
			}
			else
			{
				P[i][j]=a[i][j];
			}
```

```
                }
        }
        // xold에 임의의 값 입력
        for(i=1;i<=n;i++)
        {
                xold[i]=0.0;
        }
    cat:;
        // xnew구하는 부분
        for(i=1;i<=n;i++)
        {
                sum=0.0;
                for(k=1;k<=n;k++)
                {
                        sum=sum+P[i][k]*xold[k];
                }
                xnew[i]=(b[i]-sum)/N[i][i];
        }
        // 수렴판정 부분
        for(i=1;i<=n;i++)
        {
                com=xnew[i]-xold[i];
                com=fabs(com);
                if(com<=eps)
                {
                }
                else
                {
                        for(k=1;k<=n;k++)
                        {
                                xold[k]=xnew[k];
                        }
                        goto cat;
                }
        }
        // 결과 출력
        for(i=1;i<=n;i++)
        {
```

```
                printf("x%d행은 %lf입니다.\n",i,xnew[i]);
        }
dog:;
}
```

13.6 Gauss-Seidel 법

Gauss-Seidel 법은 A행렬(GM)이 강지배대각행렬일 때 적용되는 계산법(프로그램 예는 자코비 법 참조)이며, 자코비 법보다 빠르게 수렴되는 해를 얻기 위해 고안된 것이다.

Ax=b에서 A=N+P로 나누는 N행렬과 P행렬을 이용한다. 여기서, 차이점은 자코비 법에서는 N행렬과 P행렬이 아래와 같이

$$N \quad \begin{pmatrix} N_{11} & 0 & 0 \\ 0 & N_{22} & 0 \\ 0 & 0 & N_{33} \end{pmatrix} \qquad P \quad \begin{pmatrix} 0 & P_{12} & P_{13} \\ P_{21} & 0 & P_{23} \\ P_{31} & P_{32} & 0 \end{pmatrix}$$

구성되는 데 비해 Gauss-Seidel법에서는 아래와 같이

$$N \quad \begin{pmatrix} N_{11} & 0 & 0 \\ N_{21} & N_{22} & 0 \\ N_{31} & N_{32} & N_{33} \end{pmatrix} \qquad P \quad \begin{pmatrix} 0 & P_{12} & P_{13} \\ 0 & 0 & P_{23} \\ 0 & 0 & 0 \end{pmatrix}$$

구성된다.

즉, A행렬의 대각요소와 하삼각요소를 N행렬로, 상삼각요소를 P행렬로 구성된다. 그 외의 계산법은 자코비 법과 유사하다.

■ N행렬과 P행렬의 구성 프로그램 예

```
for(i=1;i<=n;i++)
{
        for(j=1;j<=n;j++)
        {
                N[i][j]=0.0;
                P[i][j]=0.0;
        }
}
for(i=1;i<=n;i++)
{
        for(j=1;j<=n;j++)
        {
                if(i>=j)
                {
                        N[i][j]=a[i][j];
                }
                else
                {
                        P[i][j]=a[i][j];
                }
        }
}
```

Gauss-Seidel법의 알고리듬은 원식 Ax=b에서 A=N+P로 되는 N행렬과 P행렬을 구하면

$$(N+P)x=b \quad \Rightarrow \quad Nx=b-Px$$

이 되고, 이를 N행렬과 P행렬을 각각 xnew 및 xold로 표현하여 행렬식으로 나타내면

$$\begin{pmatrix} N_{11} & 0 & 0 \\ N_{21} & N_{22} & 0 \\ N_{31} & N_{32} & N_{33} \end{pmatrix} \begin{pmatrix} x_{1n} \\ x_{2n} \\ x_{3n} \end{pmatrix} = \begin{pmatrix} b_1 \\ b_2 \\ b_3 \end{pmatrix} - \begin{pmatrix} 0 & P_{12} & P_{13} \\ 0 & 0 & P_{23} \\ 0 & 0 & 0 \end{pmatrix} \begin{pmatrix} x_{1o} \\ x_{2o} \\ x_{3o} \end{pmatrix}$$

이 된다. 여기서 1행부터 마지막 행까지 정리하면

$$1행 : N_{11}x_{1n} = b_1 - (P_{12}x_{2o} + P_{13}x_{3o})$$
$$2행 : N_{21}x_{1n} + N_{22}x_{2n} = b_2 - (P_{23}x_{3o}) \quad \rightarrow \quad N_{22}x_{2n} = b_2 - (P_{23}x_{3o}) - (N_{21}x_{1n})$$
$$3행 : N_{31}x_{3n} + N_{32}x_{2n} + N_{33}x_{3n} = b_3 \quad \rightarrow \quad N_{33}x_{3n} = b_3 - (N_{31}x_{3n} + N_{32}x_{2n})$$

이 되고, 각 행을 순서대로 계산하면

$$1행 : x_{1n} = \frac{b_1 - (P_{12}x_{2o} + P_{13}x_{3o})}{N_{11}}$$

$$2행 \ ; \ x_{2n} = \frac{b_2 - (P_{23}x_{3o}) - (N_{21}x_{1n})}{N_{22}}$$

$$3행 : x_{3n} = \frac{b_3 - (N_{31}x_{3n} + N_{32}x_{2n})}{N_{33}}$$

으로 xnew값을 구할 수 있다.

이제 일반식을 도출하기 위해 Nx=b−Px의 행렬식을 모든 행렬요소를 표시하여 나타내면

$$\begin{pmatrix} N_{11} & N_{12} & N_{13} & N_{14} \\ N_{21} & N_{22} & N_{23} & N_{24} \\ N_{31} & N_{32} & N_{33} & N_{34} \\ N_{41} & N_{42} & N_{43} & N_{44} \end{pmatrix} \begin{pmatrix} x_{1n} \\ x_{2n} \\ x_{3n} \\ x_{4n} \end{pmatrix} = \begin{pmatrix} b_1 \\ b_2 \\ b_3 \\ b_4 \end{pmatrix} - \begin{pmatrix} P_{11} & P_{12} & P_{13} & P_{14} \\ P_{21} & P_{22} & P_{23} & P_{24} \\ P_{31} & P_{32} & P_{33} & P_{34} \\ P_{41} & P_{42} & P_{43} & P_{44} \end{pmatrix} \begin{pmatrix} x_{1o} \\ x_{2o} \\ x_{3o} \\ x_{4o} \end{pmatrix}$$

이 되고, 각 행에 대한 식을 정리하면 아래와 같이

$$N_{11}x_{1n} + N_{12}x_{2n} + N_{13}x_{3n} + N_{14}x_{4n} = b_1 - (P_{11}x_{1o} + P_{12}x_{2o} + P_{13}x_{3o} + P_{14}x_{4o})$$
$$N_{21}x_{1n} + N_{22}x_{2n} + N_{23}x_{3n} + N_{24}x_{4n} = b_2 - (P_{21}x_{1o} + P_{22}x_{2o} + P_{23}x_{3o} + P_{24}x_{4o})$$
$$N_{31}x_{1n} + N_{32}x_{2n} + N_{33}x_{3n} + N_{34}x_{4n} = b_3 - (P_{31}x_{1o} + P_{32}x_{2o} + P_{33}x_{3o} + P_{34}x_{4o})$$
$$N_{41}x_{1n} + N_{42}x_{2n} + N_{43}x_{3n} + N_{44}x_{4n} = b_4 - (P_{41}x_{1o} + P_{42}x_{2o} + P_{43}x_{3o} + P_{44}x_{4o})$$

이 되고, 각 식을 xnew값에 대해 정리하면

$$x_{1n} = \frac{b_1 - (P_{11}x_{1o} + P_{12}x_{2o} + P_{13}x_{3o} + P_{14}x_{4o}) - (\quad + N_{12}x_{2n} + N_{13}x_{3n} + N_{14}x_{4n})}{N_{11}}$$

$$x_{2n} = \frac{b_2 - (P_{21}x_{1o} + P_{22}x_{2o} + P_{23}x_{3o} + P_{24}x_{4o}) - (N_{21}x_{1n} + \quad + N_{23}x_{3n} + N_{24}x_{4n})}{N_{22}}$$

$$x_{3n} = \frac{b_3 - (P_{31}x_{1o} + P_{32}x_{2o} + P_{33}x_{3o} + P_{34}x_{4o}) - (N_{31}x_{1n} + N_{32}x_{2n} + \quad + N_{34}x_{4n})}{N_{33}}$$

$$x_{4n} = \frac{b_4 - (P_{41}x_{1o} + P_{42}x_{2o} + P_{43}x_{3o} + P_{44}x_{4o}) - (N_{41}x_{1n} + N_{42}x_{2n} + N_{43}x_{3n} + \quad)}{N_{44}}$$

이 된다. 즉, 여기서 일반식을 나타내면

$$x_{in} = \frac{b_i - sum1 - sum2}{N_{ii}}$$

$$sum1 = \sum_{k=1}^{n} P_{ik}x_{ko}\ , \quad sum2 = \sum_{k=1}^{n} N_{ik}x_{kn}\ (\text{단}, i = k\text{일 때 제외})$$

가 된다.

■ xnew값을 구하는 프로그램 예

```
for(i=1;i<=n;i++)
{
        sum1=0.0;
        sum2=0.0;
        for(k=1;k<=n;k++)
        {
                sum1=sum1+P[i][k]*xold[k];
                if(i!=k)
                {
                        sum2=sum2+N[i][k]*xnew[k];
                }
        }
        xnew[i]=(b[i]-sum1-sum2)/N[i][i];
}
```

전체 알고리듬의 순서는 아래와 같다.

- a행렬 입력 부분
- b행렬 입력 부분
- a행렬 강대각지배행렬 여부 확인

- N P행렬의 초기화
- N P행렬의 구성
- xold에 임의의 값 입력
- xnew 구하는 부분
- 수렴판정 부분

예제 13.5 Gauss-Seidel 법 프로그램 예

$$\begin{pmatrix} 4 & -1 & 1 \\ -2 & 3 & 1 \\ 1 & 2 & 4 \end{pmatrix}\begin{pmatrix} x_1 \\ x_2 \\ x_3 \end{pmatrix} = \begin{pmatrix} 4 \\ 2 \\ 7 \end{pmatrix} \text{ 일 때 } \quad \begin{pmatrix} x_1 \\ x_2 \\ x_3 \end{pmatrix} = \begin{pmatrix} 0.998258 \\ 0.997315 \\ 1.002424 \end{pmatrix}$$

```
#include<stdio.h>
#include<math.h>
void main()
{
        int n,i,j,k;
        double a[10][10],b[10],xold[10],xnew[10],sum1,sum2,
                com,eps=0.001,P[10][10],N[10][10];
        printf("몇 행?");
        scanf("%d",&n);
        //a행렬 입력 부분
        for(i=1;i<=n;i++)
        {
                for(j=1;j<=n;j++)
                {
                        printf("a행렬의 %d행 %d열을 입력...",i,j);
                        scanf("%lf",&a[i][j]);
                }
        }
        //b행렬 입력 부분
        for(i=1;i<=n;i++)
        {
                printf("b행렬의 %d행 입력...",i);
                scanf("%lf",&b[i]);
```

```
	}
	//a행렬 강대각지배행렬 여부 확인
	for(i=1;i<=n;i++)
	{
		sum1=0.0;
		for(j=1;j<=n;j++)
		{
			if(i!=j)
			{
				sum1=sum1+fabs(a[i][j]);
			}
		}
		if(fabs(a[i][i])<sum1)
		{
			printf("입력된 a행렬(GM)은 강대각지배행렬이 아닙니
다.");
			goto dog;
		}
	}
	//N P행렬의 초기화
	for(i=1;i<=n;i++)
	{
		for(j=1;j<=n;j++)
		{
			N[i][j]=0.0;
			P[i][j]=0.0;
		}
	}
	//N P행렬의 구성
	for(i=1;i<=n;i++)
	{
		for(j=1;j<=n;j++)
		{
			if(i>=j)
			{
				N[i][j]=a[i][j];
			}
			else
			{
```

```
                        P[i][j]=a[i][j];
                    }
                }
            }
            // xold에 임의의 값 입력
            for(i=1;i<=n;i++)
            {
                xold[i]=0.0;
            }
cat:;
            // xnew구하는 부분
            for(i=1;i<=n;i++)
            {
                sum1=0.0;
                sum2=0.0;
                for(k=1;k<=n;k++)
                {
                    sum1=sum1+P[i][k]*xold[k];
                    if(i!=k)
                    {
                        sum2=sum2+N[i][k]*xnew[k];
                    }
                }
                xnew[i]=(b[i]-sum1-sum2)/N[i][i];
            }
            // 수렴판정 부분
            for(i=1;i<=n;i++)
            {
                com=xnew[i]-xold[i];
                com=fabs(com);
                if(com<=eps)
                {
                }
                else
                {
                    for(k=1;k<=n;k++)
                    {
                        xold[k]=xnew[k];
                    }
```

```
                        goto cat;
                    }
            }
            // 결과 출력
            for(i=1;i<=n;i++)
            {
                    printf("x%d행은 %lf입니다.\n",i,xnew[i]);
            }
    dog:;
    }
```

제14장

유한차분법

유한차분법(finite difference method)이란 미분방정식의 근사해법의 한 종류로서 편미분방정식(偏微分方程式)을 차분방정식으로 근사시켜 수치해석을 하는 방법이다. 즉, 미분방정식에 포함되어 있는 미분연산자를 유한 차분연산자로 치환하여 대수적으로 미지수를 구하는 방법이다.

유한차분법의 특징은 유한요소법(FEM)이나 경계요소법(BEM)에 비해 편미분방정식에서 연립 1차 방정식으로의 변환 과정이 직접적이라는 점이다.

유한차분법은 선형(線形) 문제뿐만 아니라 비선형 문제에도 비교적 용이하게 대응할 수 있고 특히 유체(流體)해석에서 잘 사용된다. 컴퓨터이용공학(CAE)에서의 수치해석에 많이 사용된다.

이 장에서 유한차분법은 편미분방정식으로부터 GM(A행렬)을 도출하는 과정으로 앞 장에서 상수행렬과 함께 입력한 부분을 이 알고리듬으로 대치한다. 즉, 편미분방정식이 주어지면 이 장에서의 유한차분법으로 GM(A행렬) 및 상수행렬을 만들고 13장에서의 해법으로 근사해를 구하는 것이 “수치해석을 통해 공학 문제를 풀이한다”라고 할 수 있다.

14.1 차분연산자

차분연산자는 편미분방정식에서 미분연산자를 대수적으로 표현하는 기법으로 전향차분, 후향차분 및 중앙차분 등 3가지가 있다. 아래는 기준점(i)에 대해서 1계 및 2계 미분함수에 3가지 차분연산자를 적용한 것이다.

① 1계 도함수

- 전향차분 : $\dfrac{dy}{dx} = \dfrac{y_{i+1} - y_i}{\Delta x}$

- 후향차분 : $\dfrac{dy}{dx} = \dfrac{y_i - y_{i-1}}{\Delta x}$

- 중앙차분 : $\dfrac{dy}{dx} = \dfrac{y_{i+1} - y_{i-1}}{2\Delta x}$

② 2계 도함수

- 전향차분 :

$$\frac{d^2y}{dx^2} = \frac{\left(\dfrac{dy_{i+1}}{dx}\right)_{\text{전향}} - \left(\dfrac{dy_i}{dx}\right)_{\text{전향}}}{\Delta x} = \frac{\left(\dfrac{y_{i+2} - y_{i+1}}{\Delta x}\right)_{\text{전향}} - \left(\dfrac{y_{i+1} - y_i}{\Delta x}\right)_{\text{전향}}}{\Delta x} = \frac{y_{i+2} - 2y_{i+1} + y_i}{\Delta x^2}$$

- 후향차분 :

$$\frac{d^2y}{dx^2} = \frac{\left(\dfrac{dy_i}{dx}\right)_{\text{후향}} - \left(\dfrac{dy_{i-1}}{dx}\right)_{\text{후향}}}{\Delta x} = \frac{\left(\dfrac{y_i - y_{i-1}}{\Delta x}\right)_{\text{후향}} - \left(\dfrac{y_{i-1} - y_{i-2}}{\Delta x}\right)_{\text{후향}}}{\Delta x} = \frac{y_i - 2y_{i-1} + y_{i-2}}{\Delta x^2}$$

• 중앙차분 : $\dfrac{d^2y}{dx^2} = \dfrac{\left(\dfrac{dy_i}{dx}\right)_{전향} - \left(\dfrac{dy_i}{dx}\right)_{후향}}{\Delta x}$

$$= \frac{\left(\dfrac{y_{i+1} - y_i}{\Delta x}\right)_{전향} - \left(\dfrac{y_i - y_{i-1}}{\Delta x}\right)_{후향}}{\Delta x}$$

$$= \frac{y_{i+1} - 2y_i + y_{i-1}}{\Delta x^2}$$

통상적으로 위 차분연산자를 미분방정식에 적용하여 해를 구하여 신뢰성 평가를 해보면, 2계 이상의 고계 미분함수는 경험적으로 중앙차분을 적용하는 것이 가장 좋다고 되어 있으나, 1계의 경우에는 각 공학 문제마다 달라서 주어진 편미분방정식에 따라 달리 적용하는 실정이다.

14.2 차분방정식

차분방정식이란 주어진 편미분방정식에 차분연산자를 적용하여 대수방정식으로 나타낸 방정식을 의미한다. 예를 들어 아래 편미분방정식에 적용한다.

y``+3y`+2y=x2 y(1)=0, y(2)=5 (1<x<2)

위 식에 대해서 2계 미분연산자에는 경험적으로 중앙차분을 적용하고, 1계 미분연산자에는 전향차분을 적용한다면,

$$\frac{y_{i+1} - 2y_i + y_{i-1}}{dx^2} + 3\frac{y_{i+1} - y_i}{dx} + 2y_i = x_i^2$$

이 되고, 각 y_{i-1}, y_i 및 y_{i+1}항을 기준으로 정리하면

$$\left(\frac{1}{dx^2}\right)y_{i-1} + \left(\frac{-2}{dx^2} - \frac{3}{dx} + 2\right)y_i + \left(\frac{1}{dx^2} + \frac{3}{dx}\right)y_{i+1} = x_i^2$$

이 된다. 여기서, 격자수(mesh)가 고정되면 y_{i-1}, y_i 및 y_{i+1}항에 곱해진 계수는 상수가 되므로 아래와 같이 표현할 수 있다.

$$(aa)y_{i-1} + (bb)y_i + (cc)y_{i+1} = x_i^2$$

위 식과 같이 정리된 방정식을 **차분방정식**이라 한다.

14.3 GM(A) 작성 및 b행렬

예제로 주어진 방정식이 아래와 같다.

y``+3y`+2y=x2 y(1)=0, y(2)=5 (1<x<2)

여기서, 정의영역은 1<x<2이고, 경계조건은 x=1일 때 y=0이고, x=2일 때 y=5이다.

i	0	1	2	3	4	5
x_i	x_0	x_1	x_2	x_3	x_4	x_5
x	1	1.2	1.4	1.6	1.8	2

[그림 14.1] mesh의 구성

그림 14.1은 격자분할을 한 것으로, 좌표값 x에 대해서 절점번호 i를 이용하여 x_i를 나타낸 것이다. 여기서 정의영역을 5개로 균등분할 했으므로 mesh는 5가 된다. 그림에서 i를 0부터 시작한다면 이때 mesh를 편의상 m으로 표현하면 각각의 좌표값은 아래와 같이 정해진다(참고로 프로그램 설계자에 따라 1부터 시작할 수도 있고, 그 경우는 이후 번호가 바뀐다).

- i의 시작점 : 0
- i의 종료점 : m

- 정의영역의 시작점 : x_0
- 정의영역의 종료점 : x_m
- x_0에서의 해 : y_0
- x_m에서의 해 : y_m

위 좌표값을 이용하여 정의영역($1<x<2$)을 표현하면 $x_0=1$, $x_m=2$가 되고, 경계조건($y(1)=0$, $y(2)=5$)을 표현하면 $y_0=0$, $y_m=5$이 된다.

또한, 격자간격은 0.2가 되고, 이를 일반식으로 표현하면

$$dx = \frac{x_m - x_0}{m}$$

이 된다.

GM 및 b행렬을 구성하기 위해서는 앞 절에 살펴본 바와 같이 차분연산자를 이용해 정리된 차분방정식을 이용해서 수행한다. 즉, 아래의 정리된 차분방정식에 대해서 적용할 수 있는 절점번호의 범위를 생각한다.

- 차분방정식 : $(aa)y_{i-1} + (bb)y_i + (cc)y_{i+1} = x_i^2$

절점을 0부터 5를 차분방정식에 적용하면 아래와 같이

i=0일 때 $aay_{-1} + bby_0 + ccy_1 = x_0^2$

i=1일 때 $aay_0 + bby_1 + ccy_2 = x_1^2$

i=2일 때 $aay_1 + bby_2 + ccy_3 = x_2^2$

i=3일 때 $aay_2 + bby_3 + ccy_4 = x_3^2$

i=4일 때 $aay_3 + bby_4 + ccy_5 = x_4^2$

i=5일 때 $aay_4 + bby_5 + ccy_6 = x_5^2$

가 된다. 이때 i=0일 때를 보면 y_{-1}가 나타나고, i=5일 때를 보면 y_6이 나타난다. 이 절점은 그림 14.1에서 보듯이 정의영역 내에 존재하지 않는 절점이다. 따라서 차분방정식에 적용할 수 있는 절점의 범위는 1에서 4까지이다. 즉, 통상적으로 절점의 시작을 0부터 한 경우 m(mesh)을 사용하여 1부터 m−1까지가 절점 범위가 된다(참고로 프로그램 설계자에 따라 n=m−1을 이용하여 하고, 이 장에서도 편의상

n을 사용한다). 따라서 해당 절점번호 범위에 대한 차분방정식에 적용한 식을 정리하면 아래와 같이 된다.

i=1일 때 $aay_0 + bby_1 + ccy_2 = x_1^2$

i=2일 때 $aay_1 + bby_2 + ccy_3 = x_2^2$

i=3일 때 $aay_2 + bby_3 + ccy_4 = x_3^2$

i=4일 때 $aay_3 + bby_4 + ccy_5 = x_4^2$

위 식을 적당히 이항하여 정리하면 아래와 같다.

i=1 $\quad bby_1 + ccy_2 = x_1^2 - aay_0$

i=2 $\quad aay_1 + bby_2 + ccy_3 = x_2^2$

i=3 $\quad aay_2 + bby_3 + ccy_4 = x_3^2$

i=4 $\quad aay_3 + bby_4 = x_4^2 - ccy_5$

위 4개의 식을 행렬의 형태로 표현하면 아래와 같다.

$$\begin{pmatrix} bb & cc & 0 & 0 \\ aa & bb & cc & 0 \\ 0 & aa & bb & cc \\ 0 & 0 & aa & bb \end{pmatrix} \begin{pmatrix} y_1 \\ y_2 \\ y_3 \\ y_4 \end{pmatrix} = \begin{pmatrix} x_1^2 - aay_0 \\ x_2^2 \\ x_3^2 \\ x_4^2 - ccy_5 \end{pmatrix}$$

이 되고, 이때 행렬식은

A x = b

으로 할 때 A행렬을 GM으로 b행렬을 **상수행렬**이라 한다. 참고로 GM의 형태는 편미분방정식의 형태 및 차분기법의 선택에 따라 달라진다.

GM행렬과 상수행렬의 구성에 있어서 규칙성을 살펴보면 위 행렬식에서 보는 바와 같이 1행과 마지막 행과 중간 행(2행과 3행)이 서로 다른 특징을 가지고 있다. 일반적으로 표현하면 1행과 n행과 2행에서 n−1행까지를 따로 처리하여 GM을 구성해야 한다.

14.4 GM 및 상수행렬의 일반식 예시

다음의 행렬식은 이 장에서 예시를 든 편미분방정식에서 정리된 것이다.

$$\begin{pmatrix} bb & cc & 0 & 0 \\ aa & bb & cc & 0 \\ 0 & aa & bb & cc \\ 0 & 0 & aa & bb \end{pmatrix} \begin{pmatrix} y_1 \\ y_2 \\ y_3 \\ y_4 \end{pmatrix} = \begin{pmatrix} x_1^2 - aay_0 \\ x_2^2 \\ x_3^2 \\ x_4^2 - ccy_5 \end{pmatrix}$$

위 행렬식을 프로그램 해 보자.

앞 절에서 설명한 대로 1행과 마지막 행(n행)과 중간 행(1행에서 n−1행)의 부분이 다른 형태로 있으므로 구분하여 구성해야 한다.

- 1행의 구성

A11 = bb , A12 = cc , b1 = x12−aay0

이므로, n이 4이든, 100이든 1행은 1로 표현되므로 일반화식을 정리하면

```
a[1][1]=bb, a[1][2]=cc, b[1]=x[1]*x[1]−aa*y[0];
```

혹은

```
a[i][i]=bb, a[i][i+1]=cc, b[i]=x[i]*x[i]−aa*y[i−1];
```

로 하면 된다.

- 마지막 행(4행)의 구성

A43 = aa , A44 = bb , b4 = x42−ccy5

이고, 4행은 n으로 표현되므로 일반화식을 정리하면

```
a[n][n−1]=aa, a[n][n]=bb, b[n]=x[n]*x[n]−cc*y[n+1];
```

로 하면 된다.

• 중간 행(2행에서 3행까지)의 구성

2행 : A21 = aa , A22 = bb , A23 = cc , b2 = x22

3행 : A32 = aa , A33 = bb , A34 = cc , b3 = x32

이고, i행으로 표현하여 일반화식을 정리하면

a[i][i-1]=aa, a[i][i]=bb, a[i][i+1]=cc, b[i]=x[i]*x[i];

로 하면 된다.

전체 알고리듬의 순서는 아래와 같다.

• 기본 사항 입력 : mesh, 정의영역, 경계조건
• 기본 사항 계산 : n, dx, aa, bb, cc, x좌표값
• a(GM)행렬과 b행렬의 초기화
• a(GM)행렬과 b행렬의 구성

예제 14.1 GM 및 상수행렬 구성 프로그램 예

y``+3y`+2y=x2 y(1)=0, y(2)=5

(1<x<2) : 1계는 전향차분, 2계는 중앙차분 적용

```
#include<stdio.h>
#include<math.h>
void main()
{
        int n,mesh,i,j;
        double dx,aa,bb,cc,a[100][100],b[100],x[100],y[100];
        //y``+3y`+2y=x*x  y(1)=0, y(2)=5  (1<x<2)
        // 1계는 전향, 2계는 중앙차분 적용
        //기본 사항 입력
        printf("격자분할개수(mesh)를 입력하세요");
        scanf("%d",&mesh);
        printf("정의영역의 시작점을 입력하세요.");
        scanf("%lf",&x[0]);
```

```
    printf("정의영역의 종료점을 입력하세요");
    scanf("%lf",&x[mesh]);
    printf("정의영역의 시작점의 경계조건을 입력하세요.");
    scanf("%lf",&y[0]);
    printf("정의영역의 종료점의 경계조건을 입력하세요");
    scanf("%lf",&y[mesh]);
    //기본 사항 계산
    n=mesh-1;
    dx=(x[mesh]-x[0])/mesh;
    aa=1.0/(dx*dx);
    bb=-2.0/(dx*dx)-3.0/dx+2.0;
    cc=1.0/(dx*dx)+3.0/dx;
    for(i=1;i<=n;i++)
    {
            x[i]=dx*i+x[0];
    }
    // a(GM)행렬과 b행렬의 초기화
    for(i=1;i<=n;i++)
    {
            for(j=1;j<=n;j++)
            {
                    a[i][j]=0.0;
            }
            b[i]=0.0;
    }
    // a(GM)행렬과 b행렬의 구성
    for(i=1;i<=n;i++)
    {
            if(i==1)
            {
                    b[i]=x[i]*x[i]-aa*y[i-1];
                    a[i][i]=bb;
                    a[i][i+1]=cc;
            }
            else
            {
                    if(i==n)
                    {
                            b[n]=x[n]*x[n]-cc*y[n+1];
```

```
                        a[n][n-1]=aa;
                        a[n][n]=bb;
                    }
                    else
                    {
                        b[i]=x[i]*x[i];
                        a[i][i-1]=aa;
                        a[i][i]=bb;
                        a[i][i+1]=cc;
                    }
            }
        }
    }
```

제15장

스플라인 보간법

공학에서 실험이나 고찰을 통해 얻은 자료는 흔히 (tt, yi), i=0, 1, 2, 3, ⋯, n의 형태로 주어진다. 예를 들어 시간변화에 대한 온도변화를 실험에서 측정한 경우는 t가 시간, y가 온도에 해당한다. 이것은 수학적으로 독립변수 t의 변화에 따른 종속변수 y의 변화이며, y=y(t)로 표현된다.

보간법은 다음과 같다.

자료는 보통 불연속으로 주어진다.

예를 들어 다음 표를 보면 t=0, 0.2, 0.4 0.6 0.8 1.0의 경우의 데이터는 계측이나 획득을 할 수 있지만, 그 외 t에 대한 값을 알기 위해서는 많은 시간과 노력이 요구된다.

이때 주어진 데이터를 이용하여 임의의 t에 대한 값을 예측하는 여러 가지 방법이 있는데 이 방법을 **보간법**(interpolation)이라 하고, 보통 다항함수(polynomial function)를 사용한다.

t	y
0	0
0.2	0.6
0.4	0.1
0.6	0.4
0.8	0.6
1.0	0.7

15.1 1차 스플라인 함수

t_t, y_i 사이의 구간 즉, $t_t \leq x \leq t_{t+1}$ 사이에서 종속변수 y가 선형적으로 변한다고 가정한다. 이 1차 함수를 $S_i(x)$라 하면

$$S_i(x) = a_i x + b_i$$

의 형태로 가정할 수 있다. 상수 a_i, b_i는 아래 그림과 같이 t_t, t_{t+1}에서 함수 $S_i(x)$가 각각 y_i, y_{i+1}와 같다는 원칙에서 결정된다.

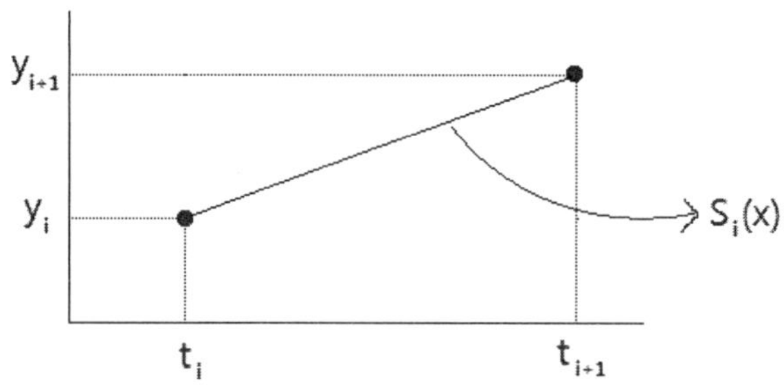

따라서

$$S_i(t_i) = a_i t_i + b_i$$
$$S_i(t_{i+1}) = a_i t_{i+1} + b_i$$

이 되고, 위 식은 각각

$$a_i t_i + b_i = y_i$$

$$a_i t_{i+1} + b_i = y_{i+1}$$

이 되므로 위 두 식을 연립하여 풀면

$$a_i = \frac{y_{i+1} - y_i}{t_{i+1} - t_i}$$

$$b_i = y_i - a_i t_i$$

■ **1차 스플라인 함수(linear spline interpolation) 생성 프로그램 예**

```
#include<stdio.h>
void main()
{
        int i,n=6;
        double t[10],y[10],a[10],b[10];
        FILE *in;
        FILE *out;
        in=fopen("data.i","rt");
        out=fopen("data.o","wt");
        for(i=0;i<=n;i++)
        {
                fscanf(in,"%lf%lf",&t[i],&y[i]);
                printf("i, t, y = %d, %lf, %lf\n",i,t[i],y[i]);
        }
        for(i=0;i<=n-1;i++)
        {
                a[i]=(y[i+1]-y[i])/(t[i+1]-t[i]);
                b[i]=y[i]-a[i]*t[i];
                printf("%d   %lf   %lf   %lf   %lf\n",i,t[i],y[i],a[i],b[i]);
                fprintf(out,"%d   %lf   %lf   %lf   %lf\n",i,t[i],y[i],a[i],b[i]);
        }
        fclose(in);
        fclose(out);
}
```

15.2 2차 스플라인 함수

2차 스플라인 함수(quadratic spline function)는 구간 $t_t \leq x \leq t_{t+1}$에서 정의된 스플라인 함수를 다음의 2차 함수

$$S_i(x) = a_i x^2 + b_i x + c_i$$

의 형태로 가정하고, 모든 $S_i(x)$가 밴드 t_0, t_1, …, t_n에서 각각 y_0, y_1, …, y_n와 같고, 또한, $S_i(x)$의 도함수 $S_i'(x)$가 모든 밴드에서 연속이 되어야 한다는 조건으로부터 $S_i(x)$를 결정한다.

함수 $S_i(x)$를 구하는 과정은

$$S_i(t_i) = y_i$$

$S_i'(t_i) = z_i$ (z_i는 도함수값으로서 미지수이지만 임의의 값으로 가정)

으로부터

$$S_i(x) = a_i(x - t_i)^2 + z_i(x - t_i) + y_i \tag{15.1}$$

이다. 한편 t_{t+1}에서의 도함수값을 z_{t+1}라 하면

$$S_i'(x) = 2a_i(x - t_i) + z_i$$

으로부터

$$z_{i+1} = 2a_i(t_{i+1} - t_i) + z_i$$

이고, 정리하면

$$a_i = \frac{z_{i+1} - z_i}{2(t_{i+1} - t_i)} \tag{15.2}$$

를 얻는다. 따라서 $S_i(x)$는

$$S_i(x) = \frac{z_{i+1} - z_i}{2(t_{i+1} - t_i)}(x - t_i)^2 + z_i(x - t_i) + y_i$$

가 되고, 아래의 마지막 조건

$$S_i(t_{i+1}) = y_{i+1}$$

으로부터

$$y_{i+1} = \frac{z_{i+1} - z_i}{2(t_{i+1} - t_i)}(t_{i+1} - t_i)^2 + z_i(t_{i+1} - t_i) + y_i$$

이고, 정리하면

$$y_{i+1} = \frac{(z_{i+1} + z_i)(t_{i+1} - t_i)}{2} + y_i$$

가 된다. 여기서,

$$z_{i+1} = \frac{2(y_{i+1} - y_i)}{t_{i+1} - t_i} - z_i \tag{15.3}$$

을 얻는다.

계산 과정은 아래와 같다.

- z_0를 임의의 값으로 설정한다.
- 식 (15.3)으로 z_i를 구한다.
- 식 (15.2)으로 a_i를 구한다.
- 식 (15.1)으로 $S_i(x)$의 값을 구한다.

찾아보기

저자약력

■ **조 연 상**

- 동아대학교 기계공학과 공학박사 취득
- 현) 동아대학교 기계공학과 조교수

■ **박 정 우**

- 동아대학교 기계공학과 공학박사 취득
- 현) 동아대학교 기계공학과 조교수

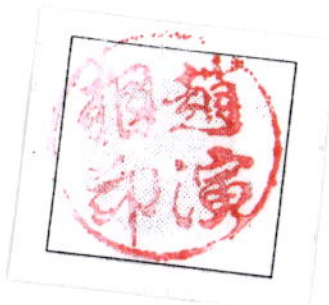

프로그래밍 기초와 수치해석

2025년 3월 10일 1판 4쇄 발행

저 자 조연상 · 박정우
발행인 남 승 우

발행처 도서출판 상尙 학學 당堂
서울시 동작구 사당로9가길 6(사당동)
TEL : 02) 595-1692 ~ 4
FAX : 02) 595-1394
E-mail : shdbooks@naver.com
신고 : 2-155호 (1968. 11. 29)

정가 24,000원

ISBN 978-89-6587-151-4 93000

〈디자인〉 편집 이선경 / 표지 토틀컴